Dieter Miedek

Hartlöten

Kein Buch mit sieben Siegeln

Hartlöten

Kein Buch mit sieben Siegeln

Dieter Miedek

Verlag für Technik und Handwerk neue Medien GmbH
Baden-Baden

vth-Fachbuch
Best.-Nr.: 310 2222

Redaktion: Oliver Bothmann
Fotos: Autor, Andreas Miedek, Myriam Populoh

Bibliografische Information der Deutschen Nationalbibliothek
Die Deutsche Nationalbibliothek verzeichnet diese Publikation in der Deutschen Nationalbibliografie; detaillierte bibliografische Daten sind im Internet über http://dnb.d-nb.de abrufbar.

ISBN 978-3-88180-437-0

Printed in Germany
Druck: Colordruck Solutions GmbH Leimen

Inhaltsverzeichnis

Der Autor

Im Februar 1947 erblickte ich in Schönau, in der Nähe von Görlitz das Licht der Welt. Der Vater und die Großeltern stammten aus Oberschlesien. Sie siedelten sich nach der Flucht in der Nähe von Görlitz an. Die Mutter stammt aus Harsewinkel in Westfalen. Die ersten neun Jahre meines Lebens lebten wir zusammen mit den Großeltern in Schönau auf einem Vierseitenhof, den der Großvater, bis zur Gebietsreform bewirtschaftete. Ich wurde schon als kleiner Junge mit den landwirtschaftlichen Maschinen und Geräten konfrontiert. Wenn ich auch die Zusammenhänge nicht verstand, so kann ich mich dennoch gut erinnern, wie mit der Dreschmaschine in der großen Scheune beim Opa das Korn ausgedroschen wurde, die Maschine wurde von einem großen Elektromotor angetrieben, er stand in einer Ecke, diente auch noch als Antriebsquelle für die Schrotmühle und andere Gerätschaften. Der Opa und die Oma waren mehr damit beschäftigt, darauf aufzupassen, wo der Junge war, damit er nicht an den Riemen kam. Natürlich mussten sie sich auch um ihre Arbeit kümmern. Aus heutiger Sicht betrachtet, lief damals der lange Riemen ziemlich frei zur Maschine, daher die Besorgnis.

Die Mutter besuchte des Öfteren ihre Eltern in Harsewinkel. Es war eigentlich keine andere Möglichkeit vorhanden, als mit der Eisenbahn zu fahren, Vater musste, aufgrund der politischen Verhältnisse, immer zu Hause bleiben. Für mich war es ein vielleicht prägendes Erlebnis, die riesigen Dampfloks in den Bahnhof einfahren zu sehen. Die Lokomotive wurde für mich ein Synonym der Technik. Im Jahre 1955 begangen meine Eltern eine sogenannte „Republikflucht". Da ging es damals von Berlin-West (Auffanglager-Marienfelde) mit dem Flugzeug nach Hannover. Für mich, als kleiner Junge eine sehr aufregende Angelegenheit. Dieses waren die ersten Konfrontationen mit der Technik der Eisenbahn und des Flugzeuges, welche sicherlich dazu beigetragen haben, dass ich den technischen Modellbau als Hobby gewählt habe. Ab etwa 1959 begann für mich der Modellbau. Das Interesse entwickelte sich sehr bald zum Flugzeug, zumal der Vater während des Krieges die Junkers Ju 88 geflogen hatte und so blieb das Flugzeug das prägende Objekt der Begierde. Auch hatten meine Eltern mein Hobby immer unterstützt, wo sie nur konnten. Für mich waren der Stabilbaukasten und die Modelleisenbahn eine fast tägliche Beschäftigung nach der Schule. Aber für eine Funkfernsteuerung zum Steuern von Flugmodellen, sie waren damals sehr teuer, hatte es nicht gereicht. Mein gutes technisches Verständnis und eine sehr gute technische Ausbildung bei der Fa. Claas in Harsewinkel hat mir das Verständnis der einschlägigen Werkzeugmaschinen in der Metallverarbeitung ermöglicht. Nach etlichen Jahren Schiffsmodellbau hat sich das Wissen um die Metallverarbeitung auch im Hobby durchgesetzt. Es wurden zahlreiche Maschinen im Hobbykeller des Eigenheims aufgestellt und so nach und nach konnten damit etliche Dampfmaschinen-Modelle verwirklicht werden. Mit meiner Frau Ingrid, mit der ich zwei Söhne habe, leben wir nun seit 1974 im eigenen Haus. Beide Söhne haben ihre eigenen Familien, wobei ein Enkelsohn dem Opa schon mal im Keller hilft. Mein Modellbau hat sich nicht nur in eine bestimmte Richtung entwickelt, die Interessenslagen haben sich im Laufe der Jahre geändert. Auch heute wird noch ein Flugzeug gebaut, mit der Digitaleisenbahn experimentiert, mit dem Enkel wird auch mal „Schiffchen" gefahren aber die ganz große Liebe gehört eindeutig dem Dampfmodellbau, wobei der Modelldampfkessel wiederum meine spezielle Konstruktionsfähigkeit in Anspruch nimmt. Viele Dampfkessel sind im Laufe der Jahrzehnte entstanden, einige davon in mehrfacher Ausführung. Diese aber nur für gute Freunde, ich habe es diesen Freunden angeboten, mit ihnen zusammen den Anfang des Kessels zu löten, sozusagen die ersten Schritte gemeinsam zu machen. Den Rest, bis zur Fertigstellung sollten sie dann in Eigenregie tätigen, um das Hartlöten zu erlernen – es hat leider nicht funktioniert. Mein größtes, arbeitsintensivstes Projekt stellte der Kupferkessel der Dampfzugmaschine „Allchin-Royal Chester" im Maßstab 1:5 dar. Dieser Kessel war die größte Herausforderung im Bereich „Löten", die ich jemals ausgeführt habe. Das war 1995, die Bauzeit der Maschine zog sich über fünf Jahre hin, alle Einzelteile wurden sozusagen aus dem Vollen gefertigt und sehr viele Teile, nicht nur der Kessel, sondern auch die Wasserpumpe, der Kamin, Teile des Tenders und der Dampfregelung wurden hartgelötet. Die Maschine ist immer noch im Einsatz, der Kessel wird mit Steinkohle geheizt und der Dampfdruck schnellt schon mal bis 9 bar nach oben. Bis heute sind keinerlei Schäden oder Undichtigkeiten aufgetreten, der Kessel ist immer noch dicht. Das zeugt von einer guten Arbeit. Das Wissen und Können um diese Technik ist mit Zunahme des Lebensalters gestiegen, aber ich gebe allen Modellbaufreunden zu bedenken: Keiner ist perfekt, mit jedem Löten werden wir sicherer und unser Motto wiederholt sich immer wieder in diesem Buch:

Löten ist Übungssache. Es ist noch kein Meister vom Himmel gefallen!

Dieter Miedek, Harsewinkel

Der Autor mit seiner Dampfzugmaschine „Allchin". Kessel und viele Einzelteile wurden mit Silberlot hartgelötet

Vorwort

Längere Zeit habe ich überlegt: Wie und mit welchen Themen beginne ich einen Text, der in einem größeren Umfang erfolgen soll, über die Techniken und Verfahren zum Thema „Löten“ und im Speziellen „Das Hartlöten“. Natürlich sollte über die Möglichkeiten, die hauptsächlich uns Modellbauer interessieren, berichtet werden, aber auch über Arbeitstechniken, die nicht so bekannt sind, die auch nicht im Bastelkeller ausgeführt werden dürfen. Es wird dabei mit Acetylen-Gas und Sauerstoff gearbeitet, dies darf nur in geeigneten Werkstätten erfolgen, auch in der Garage ist so etwas nicht erlaubt. Es sollte aber auf gar keinen Fall wie ein Kochrezept beginnen, in denen ja meistens steht: Man nehme …! So einfach sollte und wollte ich es nicht machen: Man nehme Gas und Sauerstoff, dazu einen Brenner, das Ganze wird mit einem Funken gezündet und bei großer Hitze über 3.000°C gegart, bzw. das Lot verflüssigt. Danach langsam abkühlen lassen und dann dem Konsumenten zur Geschmacksprobe sprich Begutachtung anbieten. Zur Garnierung kann die Lötstelle noch gereinigt und poliert werden. Das wäre dann schon alles, ein wunderbar einfaches Rezept. Wenn das mit dem Löten wirklich so einfach wäre, meine Frau, die mit Kochrezepten die schmackhaftesten Gerichte zubereiten kann, müsste dann auch einen Dampfkessel löten können. Nein, nein so geht das nun wirklich nicht, dazu ist das Thema viel zu komplex. Mir fällt gerade das Gedicht „Die Glocke“ von Friedrich Schiller ein. Es ist ja eine Hommage an die komplizierte und schweißtreibende Arbeit der Glockengießer. Ich musste als Kind das Gedicht in der Schule auswendig lernen, zwar nur die ersten vier oder fünf Strophen, dieses wurde dann aber nur mit gewissem Frust erledigt, weil das Gedicht so lang ist. Wir hätten es lieber abgekürzt und stark vereinfacht, in dem es dann heißt: „Loch gebuddelt, Bronze rin, Glocke fertig … bim, bim, bim“.

Nein, nein so geht das nun wirklich nicht, so einfach hatte sich das auch Schiller nicht gemacht, dazu war das Thema viel zu komplex. Deshalb möchte ich zum Anfang etwas weiter ausholen, auch ich möchte es mir nicht so leicht machen und mit einigen Sätzen über die Gase und den Sauerstoff beginnen, um dem geneigten Leser einige Eigenschaften dieser Gase zu vermitteln, weil das Thema einfach zu komplex ist.

Einige Sicherheitshinweise, die unbedingt beachtet werden müssen, sind ebenso Bestandteil des Buches, wie der Umgang mit den verwendeten Gerätschaften. Diese Gerätschaften sind komplizierte Präzisionswerkzeuge, die einer enormen Aufmerksamkeit und Pflege bedürfen. Nicht nur der sichere Umgang, sondern auch die sichere Aufbewahrung und Lagerung der Flaschen, Armaturen, Schläuche und Brenner mit Handstück sind wichtige Punkte, die angesprochen werden. Es werden Tipps zum Flammlöten gegeben und der eigentliche Lötprozess, der Lötvorgang mit der Flamme muss als sehr wichtiges Kapitel betrachtet werden. Löten und Schweißen sind artverwandte Arbeiten, die in der Praxis aber eine unterschiedliche Vorgehensweise erforderlich machen. Es werden Hilfsmittel – sogenannte Hilfswerkzeuge – und Festhaltemöglichkeiten vorgestellt, weil man Teile in der Praxis, während des Lötprozesses, nicht einfach z.B. mit einer Zange festhalten und über eine längere Zeit exakt in Position halten kann. Während des Lötvorgangs werden nun mal beide Hände gleichzeitig gebraucht, die eine Hand hält den Brenner und die Andere führt den Lötstab an die Lötfuge oder den Lötspalt. Zur Handhabung der Schweißgeräte, der Flaschen, der Druckminderer, Schläuche und Brenner gehören Werkzeuge, die immer am Arbeitsplatz vorhanden sein müssen. Gabel-oder Maulschlüssel mit den benötigten Schlüsselweiten gehören dazu, der Anzünder muss immer im Griffbereich sein, und wenn Sie meinen, Handschuhe, Schutzbrille und geeignete Kleidung wären unwichtig, liegen Sie im Irrtum. Am besten ist es immer, die Gerätschaften in einem geeigneten Gestell oder Schrank/Koffer aufzubewahren, in denen genügend Platz für die Werkzeuge vorhanden ist, dann ist beim Arbeitseinsatz immer alles griffbereit. Es wäre das abschreckende Beispiel zu nennen, wenn Sie die Sauerstoffarmatur an das Gewinde der Flasche anschrauben wollen und der 32-mm-Gabelschlüssel nirgends zu finden ist und sie dann eine Wasserpumpenzange verwenden.

Noch einige Worte zur Kleidung, während der Lötarbeiten. Ein dicker Pullover kann bei Lötarbeiten, weil sie ja meistens an luftigen Stellen, wenn nicht sogar im Freien stattfinden müssen, denn im Keller oder der Garage darf nicht gelötet werden, für eine angenehme Körpertemperatur sorgen. Betrachten wir nun mal einen Pullover aus physikalischer Sicht. In den Fasern der Wolle und dazu noch im Gewebe eines Pullovers sammelt sich sehr viel Luft. Da nun Luft ein ausgezeichneter Wärmeisolator ist, hält so ein Pullover auch wunderbar warm. Aber dort wo sich die Luft befindet, kann sich

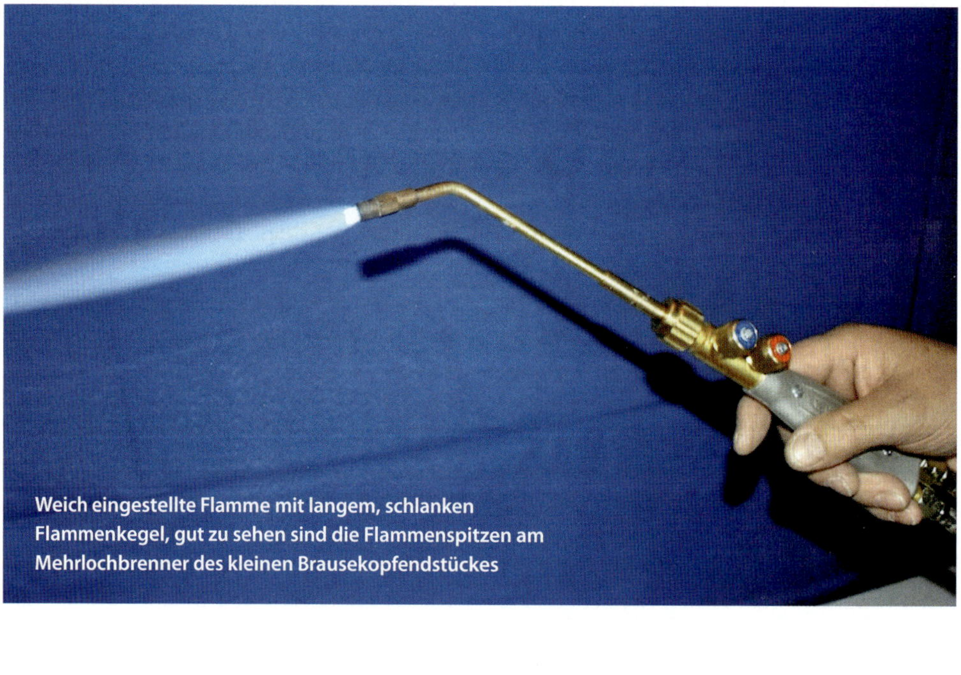

Weich eingestellte Flamme mit langem, schlanken Flammenkegel, gut zu sehen sind die Flammenspitzen am Mehrlochbrenner des kleinen Brausekopfendstückes

auch reiner Sauerstoff anreichern. Solange alles „dicht" ist, kann nichts passieren, aber wenn z.B. die Absperrung des Nadelventils am Handstück undicht ist – das merken wir gar nicht – kann es zu so einer Anreicherung von Sauerstoff im Umfeld kommen. Der Pullover ist somit zu einem explosionsartigen Träger bei der nächsten Zündung des Brenners geworden, ohne dass wir auch nur das Geringste vorher bemerkt hatten. Ich möchte das überhaupt nicht dramatisieren, aber Sie können sich mit Sicherheit vorstellen, dass unter Umständen solch eine Situation durchaus zum Tode führen kann. Diese Warnungen sollen keineswegs zurückschrecken mit diesen Gerätschaften zu arbeiten, sie sollen nur anregen und das konsequent, dass eine absolute Einhaltung der Sicherheitsbestimmungen erfolgen muss. Dann ist das Arbeiten mit der Autogentechnik als absolut sicher einzustufen. Löten ist eine sehr konzentrierte Arbeitsmethode, bei der es sehr viele Dinge und Punkte zu beachten gilt. Dieses Buch soll helfen diese Dinge zu erfassen und selbstverständlich auch zu beherzigen.

Löten kann erlernt werden, mit jeder Lötaufgabe wird das Vertrauen in die Technik mit der Flamme wachsen. Wir werden immer sicherer mit den Gerätschaften, mit der Einstellung der Flamme, wir werden dabei die Bedeutung einer „harten" oder einer „weichen" Flamme erkennen, man spürt dann förmlich, wann die Temperatur erreicht ist, um den Lötstab anzusetzen und dann mit der etwas entfernteren Flamme das Lot abzuschmelzen.

Eines möchte ich in diesem Buch allerdings nicht ansprechen, es ist das Hartlöten von Aluminium. Ich möchte versuchen, es aus folgenden Gründen zu rechtfertigen. Zwar ist das Löten von Aluminium möglich, aber man muss genau wissen, welche Legierung kann ich löten und welche nicht. Das entscheidende Kriterium ist die Solidustemperatur der Legierung, also des Grundwerkstoffes in Relation zur Liquidustemperatur des Lotes. Einfach ausgedrückt: Wenn beide Temperaturen sich annähernd überdecken, kann man nicht löten. Eine weitere negative Eigenschaft von Aluminium ist die harte Oxydschicht, sie ist verantwortlich für die hohe Korrosionsbeständigkeit dieses Metalls. Reines Aluminium hat einen Schmelzpunkt von 660°C und die unterschiedlichen Legierungen weisen einen Schmelzbereich von etwa 500 bis 640°C auf. Die Oxydschicht kann aber erst bei 2.000°C verflüssigt werden. In Aluminiumlegierungen spielen Schwermetalle immer eine kritische und problematische Rolle. Bedingt durch die Korrosionssicherheit der Lötverbindung scheiden Schwermetallhartlote zum Löten von Aluminium von vornherein aus. Die Lote müssen mit mindestens 70 % Aluminiumanteil die Basis bilden, damit ergeben sich Lotlegierungen, die selbst als Aluminiumlegierung betrachtet werden müssen. Lot mit 7 bis 13 % Siliziumgehalt haben sich durchaus bewährt, sie haben einen Schmelzbereich von 575 bis 585°C. Es lassen sich dennoch längst nicht alle Aluminiumlegierungen damit löten. Am besten funktioniert es mit Reinaluminium und den Knetlegierungen Al Mn und Al Mg Mn mit weniger als 2 % Mn und Si Legierungsanteilen, während Al Mg und Al Mg Si nur sehr bedingt und z.B. Al Cu Mg, Al Zn Mg und Al Zn Mg Cu nicht gelötet werden können. Sehr beliebt sind im Modellbau Legierungen mit der Bezeichnung „Duraluminium". Diese Bezeichnung bezieht sich lediglich auf die Herstellungsfirma Dürener Metallwerke, die schon 1909 für die Flugzeugindustrie mit der Produktion begann. Dural ist härter, zäher, gut zerspanbar, weist eine bedeutend höhere Zugfestigkeit zwischen 180 und 450 N/mm^2 als Reinaluminium (80 N/mm^2) auf, kann allerdings nicht gelötet werden. Es ist eine AlCuMg-Legierung mit geringen Anteilen an Mangan, Eisen und Silicium. Wir sehen nun, dass die Schmelztemperatur des Lotes nur wenig unterhalb der Schmelztemperatur von Reinaluminium und einiger wenigen Alu-Legierungen liegt. Beim Löten muss vor allem darauf geachtet werden, dass der Grundwerkstoff nicht angeschmolzen wird. Erschwerend kommt hinzu, dass Aluminium keine Glühfarben (Anlassfarben) zeigt. Für ein lotgerechtes Anwärmen der Verbindungsstellen ist daher mehr Erfahrung und Übung erforderlich, als beim Löten von Schwermetallen.

Ich denke, das sind einige Schwerpunkte und solange die Industrie, der Handel und auch Modellbaufirmen keine exakten Zusammensetzungen der Legierungen bieten und die Modellbauer fast nur die Bezeichnung „Dural" kennen, sich zudem oft beim Schrotthändler eindecken und solange die Kaufhäuser ihr Stangenmaterial ebenfalls nicht bezeichnen, kann und will ich keine Empfehlungen und Ratschläge zum Thema „Alu-Löten" in diesem Buch veröffentlichen.

Am Ende des Buches finden Sie eine Tabelle mit den wichtigsten chemischen Zeichen der chemischen Grundstoffe von Metallen und Nichtmetallen. Eine Vergleichstabelle unterschiedlicher Lote, Lotpasten und Flussmittel soll für die unterschiedlichsten Lötaufgaben und Arbeiten eine gewisse Kaufentscheidung erleichtern und zu gezielten Punkten in der Löttechnik informieren.

Eine Alternative zum Hartlöten von Aluminium und Aluminiumlegierungen wäre das Löten mit dem Alu-Lot „AL 85 plus". Das Verfahren arbeitet mit einem Temperaturbereich von 380 bis 420°C und muss somit als Weichlöten bezeichnet werden. Die Herstellerfirma wirbt damit, dass alle Aluminium-Legierungen gelötet werden können, welches auch bei der angegebenen Arbeitstemperatur durchaus glaubhaft ist und bezeichnet es mit „Gießlieren", als eine neue thermische Fügetechnik für Aluminium. Es ist ein Lot, welches in Drähte aufgewickelt, in 1, 2, 5 und 10 Meter Länge erhältlich ist. Es ist in den Durchmessern von 2 und 2,5 mm zu bekommen, vollkommen frei von Blei und Cadmium, es wird kein Flussmittel benötigt und es entstehen keine giftigen Abfälle. Auf der Homepage wird in einem Kurzvideo die Arbeitsweise augenscheinlich dargestellt (Info: www.al85plus.com).

Bedanken möchte ich mich bei Alexander Mevs von der Firma Greggersen aus Hamburg. Er hat mir zu technischen Fragen über Gerätschaften aus dem Hause Greggersen und zu einigen physikalischen Gegebenheiten in der Autogentechnik sehr geholfen. Bedanken möchte ich mich auch bei der Firma Greggersen, die ihre Gerätschaften zum Teil für dieses Buch zur Verfügung gestellt haben und da ich persönlich schon einige Jahre damit arbeite, werden Sie in diesem Buch die Geräte mehrmals wiederfinden. Außerdem sind sie unter anderem für den Modellbau sehr gut geeignet. Weiterhin gilt mein Dank der Firma Rothenberger, die mit ihren Gerätschaften, die sie mir freundlicherweise zu Testzwecken zur Verfügung stellten, sehr zum Gelingen des Buches beigetragen haben. Auch möchte ich mich bei der Firma Castolin-Eutectic für die Auflistung der unterschiedlichen Lote, Lotpasten und Flussmittel mit den Normen, den Schmelztemperaturen und weiteren Vergleichseigenschaften bedanken. Sie dienen außerordentlich gut dazu, gewisse Kaufentscheidungen zu treffen und sind im Anhang zu finden.

Bedanken möchte ich mich ganz herzlich bei meiner Frau Ingrid, die zwar niemals einen Lötstab in der Hand gehalten hat, sich aber dennoch für meine Arbeit, dieses Buch zu schreiben sehr interessiert hat und mich in allen Belangen unterstützte.

Physikalische Eigenschaften von Gasen

Über die Gewinnung und Herstellung von Gasen – hier meine ich im Allgemeinen „Propan“ und deren Nebenprodukte – könnte man ein eigenes Buch schreiben. In stark verkürzter Form soll hier aufgezeigt werden, wie das Gas gewonnen wird und was eigentlich Flüssiggas ist. Das Erdöl und dessen Verarbeitung bildet sozusagen die Grundlage zur Gasgewinnung. Um das zu verdeutlichen, möchte ich in diesem Aufsatz etwas weiter ausholen. Das aus der Erde gewonnene, ungereinigte Erdöl ist ein zähflüssiges Stoffgemisch mit mindestens fünfhundert Stoffkomponenten. Es enthält eine große Palette an Kohlenwasserstoffen, Phenole, Harze, Adelhyde und organische Schwefelverbindungen. Die Färbung schwankt von hellgelb bis schwarz, frisches Rohöl hat oft eine gelbe bis grünblaue Fluoreszenz. Die Dichte des Rohöls liegt zwischen 0,82 und 0,94 g/cm^3. Bei längerer Lagerung an der Luft nimmt die Zähflüssigkeit zu, da die leicht flüchtigen Bestandteile allmählich verdunsten. Rohöl ist nicht wasserlöslich!

Erdöl, Erdgas und Kohle bilden die fossilen Brennstoffe, die im Laufe der Jahrmillionen durch den Umbau ehemaliger Lebewesen entstanden sind, daher die Bezeichnung „fossile Brennstoffe“. In der Jura- und Kreidezeit, vor 200 bis 65 Millionen Jahren, sanken tote Meereslebewesen (alles Leben kommt aus dem Wasser) in den Faulschlamm flacher Meere und Küstengewässern und wurden dort einem langwierigen Abbauprozess unterworfen. Im Laufe von Jahrmillionen lagerten sich viele Schlammschichten ab. Unter hohem Druck und hoher Temperatur wandelten dann anaerobe Bakterien den sauerstoffarmen Faulschlamm um, sodass allmählich Erdöl- und Erdgaslagerstätten entstanden. Bildet sich in porösen Gesteinsschichten Wasser, steigt das darin befindliche Erdöl aufgrund der geringeren Dichte nach oben. Trifft es dann auf undurchlässige Schichten, staut es sich und bildet eine Lagerstätte. Die enthaltenen, leichteren Gase befinden sich stets über der Erdölschicht.

Fast zwei Drittel der Erdölreserven auf der Erde befinden sich in Ländern des Nahen Ostens. Europa und Nordamerika verbrauchen aber alleine schon drei Viertel des Erdöls. Die Reserven von Erdöl und Erdgas sind nicht unbegrenzt, sie werden in 50 bis 60 Jahren zur Neige gehen. Damit hat der Mensch in 200 Jahren die Ressourcen verbraucht, die sich in 200 Millionen Jahren gebildet haben.

Bei der Aufarbeitung des zunächst anfallenden Gemisches aus Erdöl, Erdgas und Salzwasser erfolgt zunächst eine Trennung dieser Substanzen. Auf die Verfahrensweisen wollen wir hier nicht eingehen, nur soviel, dass das entwässerte und entgaste Rohöl dann zum Transport zur Verfügung steht. Trifft es dann in der Raffinerie ein, werden die einzelnen Bestandteile in einer fraktionierten Destillation getrennt.

Da das Rohöl ein Gemisch von verschiedenen Kohlenwasserstoffen darstellt, sind auch unterschiedliche Siedetemperaturen zur Trennung notwendig. Die verschiedenen Siedebereiche nennt man „Fraktionen“, daher die Bezeichnung „fraktionelle Destillation“. Das Rohöl wird in einem sogenannten Röhrenofen auf 360°C erhitzt, so dass die Bestandteile weitgehend verdampfen. Diese gelangen dann in einen Destillationsturm mit mehreren Böden (Fraktionen), dort sammeln sich die einzelnen Destillate. Bei der ersten Destillation werden unter Normaldruck die Heizgase Methan, Ethan, Propan und Butan abgetrennt. Die Leicht- und Schwerbenzine (30 bis 180°C) dienen als Ottokraftstoffe für Kraftfahrzeuge. Das mittlere Destillat (180 bis 250°C) wird zu Petroleum (Lampenöl) und zu Düsenkraftstoffe, dem Kerosin verarbeitet. Das Heizöl (250 bis 360°C) wird zum Heizen in Ölbrennern und als Dieselkraftstoff eingesetzt. In weiteren Destillationen werden noch das schwere Heizöl für Kraftwerke und Schiffsmotoren, Schmieröle und Schmierstoffe für Motoren und Getriebe sowie noch weitere Erdölprodukte gewonnen. Bis zuletzt noch Bitumen als Anstrichstoffe und vor allen Dingen als Straßenteer Verwendung finden. Weitere Verwendungsmöglichkeiten, die im Erdöl vorhanden oder versteckt sind, ließe die Liste von allgemeinen Gebrauchsgegenständen des täglichen Lebens, über die Unterhaltungselektronik bis ins Unendliche führen. Wenden wir uns nun dem für uns wichtigen Destillationsprodukt, dem Propan-Gas zu. „Propan“ ist ein brennbares, farbloses, unter Druck verflüssigtes Gas. Propan ist hochentzündlich und bildet explosive Gemische. Propan ist schwerer als Luft, bei Ansammlungen in tiefer gelegenen oder geschlossenen Räumen besteht Explosions- und Erstickungsgefahr. Behältnisse sollen immer an gut gelüfteten Orten aufbewahrt werden. Nicht rauchen und von Zündquellen fernhalten sind aus besagten Gründen einzuhaltende Voraussetzungen.

Chemische-physikalische Konstanten für Propan	
Summenformel	C_3H_8
Molekulargewicht	44,096 kg/kmol
Dichte im Normzustand	2,011 kg/m^3
Brennwert im Normzustand	28,3 kWh/m^3
Siedepunkt bei 1,013 bar	231,08 K (-42,07°C)
Dichteverhältnis zur Luft (15°C, 1 bar)	1,56 (schwerer als Luft)

Propan ist also ein Flüssiggas, was ist eigentlich „Flüssiggas“?

Flüssiggas oder Liquid Petroleum Gas (LPG) wird weltweit in großen Mengen als Veredelungsprodukt, wie bereits beschrieben, bei der Raffination von Erdöl hergestellt oder bei der Förderung von Rohöl und Erdgas gewonnen. Es enthält mindestens 95 Volumenprozent Propan und Propen, der Rest darf aus Ethan, Butan und Butenisomeren bestehen. Im Gegensatz zum billigeren Butan kann Propan auch bei

5-kg-Propan-Gasflasche, die Schutzkappe ist abgenommen, ein fester Druckminderer montiert

Temperaturen unter 0°C genutzt werden. Butan geht erst bei Temperaturen über 0°C in den Gaszustand über, Propan hingegen verdampft schon ab -42°C. Aus einer Butangasflasche kann z.B. bei -2°C kein Gas mehr entnommen werden, da das Gas flüssig bleibt. Zu den Besonderheiten dieser Energie zählt die Tatsache, dass das Gas bei normalen Umgebungstemperaturen bereits unter geringem Druck (etwa 5 bar) in den flüssigen Zustand wechselt. Daher ist die Bezeichnung „Flüssiggas" durchaus berechtigt. Im flüssigen Zustand nimmt das Gas nur noch etwa 1/260 seines gasförmigen Volumens ein. Aus etwa 4 Liter Flüssiggas expandiert das Gas zu 1.000 Liter brennbarer Energie bei gleichem Energiegehalt. Durch diese Tatsache sei auch nicht verschwiegen, dass sich Flüssiggas in vernünftigen Behältnissen transportieren und auch platzsparend bevorraten lässt.

Die Farbkennzeichnung der Flaschen ist nach DIN EN 1089 Rot RAL 3002, Campingflasche Grau mit rotem Fuß, Ventilanschluss W 21.80×1¼'', links (DIN 477), Produktbezeichnung und Prägung „Propan".

Neben dem Propan sei noch das Butan erwähnt. Butan ist die Bezeichnung für zwei gasförmige, farblose, gesättigte Kohlenwasserstoffe (Alkane), die in den zwei strukturisomeren Formen, dem Butan und dem Methylpropan auftreten. In vielen chemischen Verbindungen treten noch die Nebenprodukte, wie das Butyl und das Isobutyl auf, welche uns aber hier nicht interessieren sollten. Beide Butan-Isomere sind erst bei Raumtemperatur Gase, denn Butan hat einen Schmelzpunkt von -138°C und einen Siedepunkt von -0,5°C. Metylpropan hat einen Schmelzpunkt von -160°C und einen Siedepunkt von -12°C. Butan ist in reiner Form für unsere Vorhaben und Arbeiten nicht sonderlich geeignet, weil erst ab etwa 0°C eine Verdampfung entsteht, aber sich kaum ein Gasdruck bilden kann. Butan und Methylbutan sind Flüssiggase, die ebenfalls bei der Erdöldestillation anfallen, auch sind sie im Erdöl und Erdgas vorhanden. Seit dem FCKW-Verbot wird Butan als Treibgas in Sprays verwendet. Beide Isomere werden in Tanks (Kartuschen) angeboten, es sind genau die Behälter, die wir in unserem Hobbybereich oft verwenden, sowie ebenfalls in Feuerzeugen und Kleinbrennern. Oft sind es Gemische mit Propan, die dann den Siedepunkt auf mindestens Raumtemperatur anheben. Butan wird trotz seiner Brennbarkeit wieder im Kühlschrank als Kältemittel eingesetzt, allerdings ist es im Gefrierbereich wegen des Siedepunktes denkbar ungeeignet. Man sollte es eigentlich nicht erwähnen, dass Butan als Rauschmittel verwendet wird. Sie wirken ähnlich wie Schnüffelstoffe und sind in hohem Maße verfügbar und dazu auch noch sehr billig. Sie beinhalten ein sehr großes gesundheitliches Risiko. Beim Konsum kann es zur Sauerstoffunterversorgung kommen, da sich das dichtere Butan in der Lunge absetzt und damit das Lungenvolumen abnimmt. Es kommt zu Übelkeit und Erbrechen, im schlimmsten Fall zu massiven Hirnschäden. Eine physische Abhängigkeit ist durchaus möglich und in kleineren Räumen (Auto) können sich hochexplosive Gemische aus Gas und Luft bilden.

Ein weiteres Gas soll hier unbedingt angesprochen werden, obwohl es im Hobbybereich kaum eingesetzt wird. Es ist das „Acetylen"! Dieses Gas besitzt von allen Gasen die höchste Energiedichte und damit den größten Brennwert. Acetylen wird hauptsächlich in der Industrie und in Handwerksbetrieben eingesetzt. Es darf im häuslichen Bereich, also in unseren Hobbywerkstätten nicht eingesetzt und auch nicht gelagert werden. Im rechtlichen Betrachtungsspektrum kann Acetylen durchaus im Außenbereich, z.B. unter einem Vordach, auch im häuslichen Bereich eingesetzt werden, nur innerhalb des Hauses ist das absolut verboten. Der geneigte Leser wird sich nun fragen, warum wird dann überhaupt dieses Gas angesprochen? Erstens kann man seine Lötarbeiten durchaus bei befreundeten oder bekannten Firmen und

20-l-Acetylen-Gasflasche, die Schutzkappe ist abgeschraubt, ohne Armatur

Handwerksbetrieben ausführen und zweitens will ich den Modellbaufreunden, die größere Modelle bauen wollen, damit die Vorteile des Acetylens aufzeigen. Bei Modellen etwa im Maßstab 1:4 kann Kupferblech im Bereich einer Feuerbüchse durchaus eine Dicke von 4 bis 5 mm erreichen. Die anfallenden Lötarbeiten können eigentlich nur mit der Acetylen/Sauerstoffflamme ausgeführt werden. Diese Leute sind dann meistens in der Lage mit derartigen Gerätschaften auch sicher und gekonnt umzugehen. Andere werden sich so einen Kessel eventuell anfertigen lassen.

Acetylen ist ein unter Druck gelöstes, farbloses, brennbares Gas. Der Geruch ist schwach ätherisch und leicht süßlich. Es ist ca. 10% leichter als Luft, in reiner Form chemisch instabil. Bei Anreicherung mit Luft sind explosionsartige Gemische möglich. Eigentlich ist die Bezeichnung Acetylen ein Trivialname, die chemische Bezeichnung lautet „Ethin" mit der Summenformel C_2H_2. In Deutschland forschte ab etwa 1928 Walter Reppe bei der BASF mit Ethin. Bis dahin kannte man zwar das Gas, man wusste auch von dessen gefährlicher Explosionsfähigkeit. Es war verboten mit höheren Drücken als 1,5 bar zu experimentieren. Bis Reppe die sogenannten „Reppe-Gläser" erfand, das waren Edelstahlkugeln mit Schraubverschluss, die Hochdruck-Reagenzen erlaubten. Ethin ist hochentzündlich, die Zündtemperatur beträgt bei atmosphärischem Druck 305°C. Der Heizwert beträgt 57.125 kJ/m^3. Ethin verbrennt an der Luft mit leuchtender, stark rußender Flamme. Die Flamme hat bei der Verbrennung mit Luft eine Temperatur von ca. 1.900 bis 2.300°C. Bei der Zumischung von reinem Sauerstoff erhöht sich die Temperatur auf bis zu 3.200°C, sie ist damit zum autogenen Schweißen verwendbar. Ethin darf nicht mit Kupfer oder dessen Legierungen in Verbindung gebracht werden, da sich ansonsten das hochexplosive Kupferacetylid bilden kann. Ähnliche Symptome bilden sich in Verbindung mit Silber. Ethin kann aus Calciumkarbid (CaC_2) hergestellt werden. Die Löslichkeit im Wasser ist sehr gering, wohingegen die Löslichkeit in Alkohol und Aceton sehr gut ist. Die meisten Druckgasflaschen sind mit einer porösen Masse aus Calciumsilikathydrat gefüllt. In dieses Silikat wird Aceton gegeben, das wiederum Ethin in großen Mengen lösen kann. Somit kann man Ethin (Acetylen) wunderbar speichern und transportieren. Die poröse Masse verhindert bei einem Flammenrückschlag durch das Ventil einen möglichen explosionsartigen Zerfall in der Flasche. Die Herstellung soll uns hier weiter nicht interessieren, es wird mittels einer Hochtemperaturpyrolyse von leichtem Erdöl oder Erdgas bei etwa 2.000°C hergestellt. Ansonsten hat Ethin auf der Erde keine natürlichen Vorkommen. Weit über 80% des hergestellten Ethins wird in der chemischen Industrie, in der

Mikroelektronik und bei der Herstellung von Gummi, Druckerschwärze und Batterien verwendet. Als sogenanntes Dissousgas wird es in den bekannten Druckflaschen als Schweißgas zum Anwärmen, Schmelzen, Schweißen und Schneiden gebraucht.

Chemische-physikalische Konstanten Acetylen (Ethin)	
Summenformel	C_2H_2
Molekulargewicht	26,04 kg/kmol
Dichte im Normzustand	0,905 kg/m^3
Brennwert im Normzustand	57,1 kWh/m^3

Acetylen wird in Druckflaschen im Gashandel angeboten. Die Benutzung und Lagerung im normalen Wohnbereich ist nicht erlaubt. Darunter fallen die meisten unserer Bastelwerkstätten. Allein aus diesem Grund ist der Acetylengebrauch für den normalen Modellbau als nicht so relevant einzustufen. Es werden in den Baumärkten auch keine Druckflaschen verkauft, die bleibt dem Gashandel und damit der Industrie und dem Handwerk weitestgehend vorbehalten. Erreichen wir mit der Propangas- und Sauerstoffflamme auch nicht die Flammenwärme von etwas über 3.000°C, wie bei der Acetylen/Sauerstoffflamme, so werden wir für die allermeisten Lötarbeiten im Modellbaubereich dennoch die erforderliche Wärme ins Lötobjekt fördern können. Im entscheidenden Maße ist hierbei die Beschaffenheit, Brennergröße und die Funktionalität der Brenner und Handstücke von Bedeutung.

Die Farbkennzeichnung der Acetylen-Druckflaschen ist nach DIN EN 1089 Kastanienbraun RAL 3009. Die Flasche ist mit einem großen weißen N am Flaschenhals gekennzeichnet, Ventilanschluss Bügelanschluss (DIN 477 Bl. 1 Nr.3), Prägung und Produktbezeichnung „Acetylen“.

Physikalische Eigenschaften von Sauerstoff

Sauerstoff, auch Oxygenium genannt, kommt aus dem Griechischen „oxys“ (scharf, spitz, sauer). Sauerstoff ist das häufigste Element auf der Erde. Es ist ein farb- und geruchloses Gas und an vielen Verbrennungs- und Korrosionsprozessen beteiligt. Sauerstoff, chemisches Zeichen „O“, ist für sich selbst nicht brennbar. Für die meisten Verbrennungsprozesse ist Sauerstoff aber unverzichtbar. In der Luft haben wir einen Sauerstoffanteil von etwa 21%, sonst würde auch keine Kerze brennen. Der Hauptbestandteil der Luft ist Stickstoff chemisches Zeichen ist „N“, nämlich 78 %, der Rest entfällt auf Edelgase, wie z.B. Argon. Wenn die Luft verflüssigt wird, kann eine Einzelzerlegung erfolgen. Im Jahre 1895 legte Karl von Linde die Basis zur Erfindung der Luftverflüssigung und damit zur rektifikativen Luftzerlegung. Eine Trennung

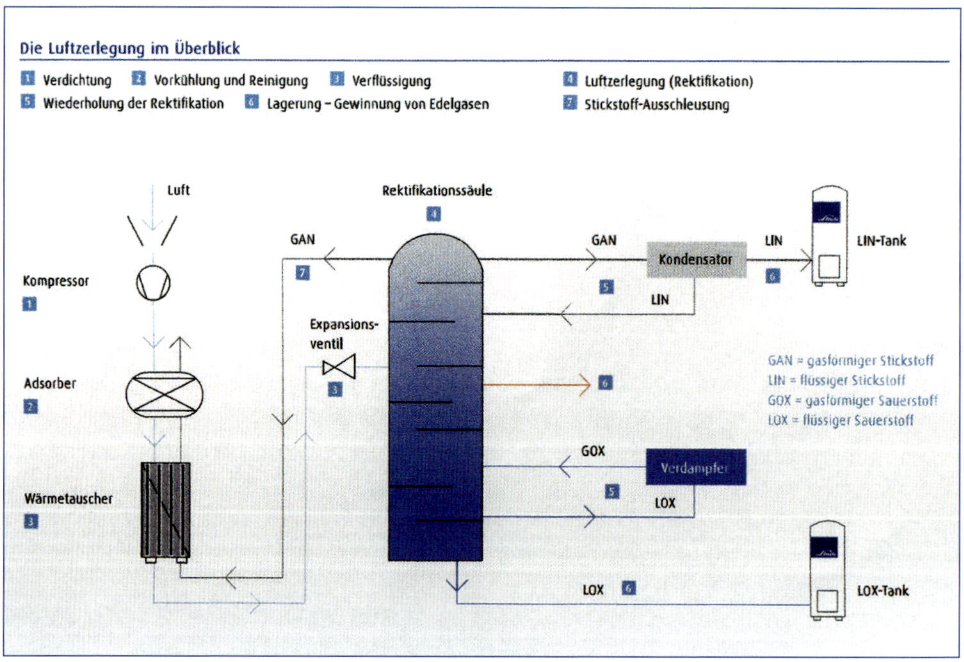

Vereinfachte Darstellung der Luftzerlegung (Rektifikationssäule) (Zeichnung: Fa. Linde)

(Rektifikation) in ihre Bestandteile wurde damit verwirklicht. Das Verfahren zur Herstellung von Sauerstoff ist aus heutiger Sicht nicht sehr kompliziert, beinhaltet allerdings einige Prozessverfahren und riesige Anlagen, wie sie in der chemischen Industrie nun mal üblich sind. Das Verfahren soll hier nur kurz angesprochen werden, dazu sind sechs Einzelschritte zu erwähnen.

1. Verdichtung:
Die angesaugte Luft wird zunächst auf ca. 6 bar verdichtet. Bei der Luftverflüssigung wird die Tatsache genutzt, dass Gase sich bei der Verdichtung erwärmen und bei der Entspannung wieder abkühlen. Kühlt man die Luft nach der Verdichtung, aber vor der Entspannung wieder ab, so fällt die Endtemperatur unter die Umgebungstemperatur.

2. Vorkühlung und Reinigung:
Die verdichtete Luft wird zunächst mit Wasser vorgekühlt und in einem Adsorber von Unreinigkeiten wie Staub, Kohlendioxyd, Wasserdampf und Kohlenwasserstoffen gereinigt.

3. Verflüssigung durch Wärmetausch und Expansion:
Allein durch die Verdichtung und Vorkühlung gelangt man nicht in Bereiche, bei denen Luft flüssig wird (-191 bis -193°C). Die Verflüssigung wird erst dadurch möglich, dass die bereits entspannten Stickstoffströme aus der Rektifikationssäule zurückgeführt werden und im Wärmetauscher die verdichtete Luft weiter abkühlt. Diese erreicht eine Temperatur von -180°C. Erst danach erfolgt die Expansion in einer Turbine oder Ventil und die Luft kühlt sich schließlich soweit ab, dass sie sich zumindest teilweise verflüssigt.

4. Luftzerlegung (Rektifikation):
Für die Zerlegung der verflüssigten Luft nutzt man die unterschiedlichen Siedepunkte ihrer Bestandteile. Es ist das gleiche Prinzip wie bei der Alkoholdestillation. Die Siedepunkte von Sauerstoff (-183°C) und Stickstoff (-196°C) verlangen eine mehrstufige Trennung in einer Rektifikationssäule. Die flüssige Luft rieselt über eine Anzahl von Siebböden im Gegenstrom zur nichtverflüssigten, aufsteigenden Luft nach unten. Die Flüssigkeit wird auf den Böden gestaut und von den aufsteigenden Dampfblasen durchströmt. Dabei verflüssigt sich der höher siedende Sauerstoff, während in den Flüssigkeitstropfen der tiefer siedende Stickstoff verdampft. Der Sauerstoff fällt nach unten, der Stickstoff steigt nach oben. Am kalten Kopf der Rektifikationssäule sammelt sich gasförmiger Stickstoff und am wärmeren Boden der flüssige Sauerstoff.

5. Wiederholung der Trennung:
Nach der ersten Trennungsstufe sind die Gase noch nicht als „rein" zu bezeichnen. Aus diesem Grund wird der flüssige Sauerstoff verdampft, der gasförmige Stickstoff wieder verflüssigt und beide Gase werden wieder der Rektifikationssäule zugeführt. Es wird der Vorgang nach Punkt 4 solange wiederholt, bis die geforderte Reinheit erreicht wird.

6. Lagerung und Gewinnung von Edelgasen:
Nun kann oben aus der Trennungssäule der gasförmige Stickstoff entnommen werden, er wird erstens zur Kühlung in den Wärmetauscher geleitet und zweitens über den Kondensator als flüssiger Stickstoff in einem Tank gelagert. Unten wird der flüssige Sauerstoff entnommen und ebenfalls in einem Flüssigtank zwischengelagert. Außerdem kann noch eine Sauerstoff-Argon-Mischung entnommen werden, die dann in weiteren Verfahren zu hochreinem Argon und auch zur Gewinnung der Edelgase Xenon, Krypton, Helium und Neon genutzt wird.

Sauerstoff wird in Stahlflaschen, in Flaschenbündeln und tiefgekühlt verflüssigt in Straßentankwagen geliefert. Der Fülldruck der Flaschen

20-l-Sauerstoffflasche mit Flaschenventil und einstufigem Druckminderer, man beachte die durchkreuzten Ölkannen im Manometergehäuse

beträgt 200 bar, die Rauminhalte von Einzelflaschen betragen in Litern 10, 20 und 50 und im Flaschenbündel 600 Liter.

Chemische-Physikalische Konstanten	
Chemisches Zeichen	0
Molekulargewicht	31,99 kg/kmol
Siedepunkt bei 1,013 bar	90,18 K (-182,97°C)
Dichteverhältnis zur Luft (15°C, 1 bar)	1,105 (schwerer als Luft)

Die Anwendungen von Sauerstoff sind sehr vielschichtig. In der Autogentechnik zum Schweißen, Schneiden und Trennen, im Hüttenwesen, in Gießereien, in der chemischen Industrie, in der Wassertechnik, als Schneidgas beim Laserschneiden und Prozessgas beim Plasmaschneiden sowie in der Papierindustrie zum Bleichen.

Reiner Sauerstoff ist sehr stark verbrennungsfördernd, obwohl es selbst nicht brennt. Mit der Verbrennungsförderung sinkt gleichzeitig die Zündtemperatur. Diese Tatsache bewirkt eine explosionsartige Entzündung von Ölen und Fetten. Die Gewindeanschlüsse der Flaschen und Druckminderer sowie die Überwurfmuttern der Schläuche, Handstück und Brenner dürfen niemals mit Öl oder Fett gangbar gemacht werden.

Öl und Fett hat in der Nähe von Sauerstoff nichts zu suchen !!

Die Farbkennzeichnung der Flaschen ist nach DIN EN 1089 Grau (RAL 7037), Flaschenschulter Weiß (RAL 9010), Ventilanschluss G ¾“ nach DIN 477 Nr. 9, Produktbezeichnung und Prägung „Sauerstoff“.

Sicherheit beim Flammlöten und Schweißen

Es ist zu spät, wenn es knallt!

Der hohe Stand der Schweiß- und Löttechnik, deren Bedeutung für Industrie und Handwerk, ja für das Wirtschaftsleben allgemein, finden ihren Niederschlag in der Fachliteratur und wie kann es auch anders sein im Internet. Die schweiß- und löttechnischen Probleme sind alle behandelt, es gibt kaum etwas Neues zu berichten, aber diese Publikation, dieses Buch wäre unvollständig, wenn nicht auch über die Gefahren im Umgang mit den Gerätschaften und den technischen Gasen dem Anwender an die Hand gegeben werden. Hier soll nicht nur der sichere Umgang mit den Geräten angesprochen werden, sondern auch die Gefahren von technischen Gasen, deren Behältern, Armaturen und Handhabungsgeräte sollen die Aufmerksamkeit des Lesers wecken. Es soll angesprochen werden, was kann passieren, wenn mit den Geräten nicht sachgemäß umgegangen wird, wie gefährlich ist es, Gasbehälter im Haus zu lagern. Es ist nämlich zu spät, wenn es knallt, wenn das Haus in Flammen steht. Es ist zu spät, wenn ein Mensch zu Schaden kommt, und es ist absolut zu spät, wenn erst hinterher die Schadensursache untersucht werden muss. Großer Sachschaden, ja sogar der Tod von Menschen, sind in der Vergangenheit vorgekommen. Zwar ist es sehr unwahrscheinlich mit kleinen Gasbehältern, wie sie in der Regel im Modellbau verwendet werden, einen größeren Schaden zu verursachen, aber auch kleine Unfälle müssen vermieden werden. Ich möchte in diesem Kapitel auf diese Gefahren hinweisen, denn nur das Wissen über die Gefahren ermöglichen es dem Anwender eine gefahrlose Arbeit auszuführen. Hier soll von vornherein die Möglichkeit geschaffen werden, sich mit der Materie vertraut zu machen, damit der sichere Umgang mit besagten Gerätschaften gewährleistet wird.

Die technischen Gase

Die Autogentechnik beruht auf die Ausnutzung der den Brenngasen innewohnenden Energie. Ihre Nutzbarmachung bedingt die Anwendung hochentwickelter Geräte und Verfahren. Die dabei möglichen Gefahren sollen hier behandelt und Hinweise zu ihrer Verhütung gegeben werden. Nur ausreichende Kenntnis der Gefahrenquellen ermöglicht es, die erforderlichen Gegenmaßnahmen zu treffen. Dabei spielen die Eigenschaften der verwendeten Gase eine wichtige Rolle.

Acetylen ist so ein Gas, es ist etwas leichter als Luft. An der Luft verbrennt das Gas mit stark rußender Flamme. Der in der Luft enthaltene Sauerstoff (21%) reicht für eine vollständige Verbrennung nicht aus. Wird es dagegen mit Luft oder unter Druck stehendem Sauerstoff gemischt, so verbrennt es vollständig mit hoher Temperatur (bis 3.200°C). Gemische von Acetylen mit Luft oder Sauerstoff sind innerhalb bestimmter Grenzen explosionsfähig. Das bedeutet, dass derartige Gemische, die dazu auch noch unbeabsichtigt entstanden sind, praktisch immer explodieren können. Schon bei verhältnismäßig niedriger Temperatur von etwa 305°C kann es zur Zündung kommen. Das Einschalten einer Bohrmaschine oder elektrischen Schaltern, der Funke am Schleifstein oder ein heißer Lötkolben können die Ursache einer Zündung sein. Eine weitere wichtige Eigenschaft des Acetylens ist seine Zersetzbarkeit unter schon geringem Überdruck. Es zerfällt in seine Bestandteile Wasserstoff und Kohlenstoff, dabei werden große Wärmemengen frei, die sehr schnell zu hohen Drücken und Explosionen führen. Zur Vermeidung derartiger Reaktionen ist in der Autogentechnik der höchstzulässige Druck auf 1,5 bar begrenzt. Der höhere Druck in den Acetylenflaschen beruht auf besondere physikalische Voraussetzungen und auch Bestimmungen. Kommt Acetylen mit Kupfer oder hoch kupferhaltige Legierungen in Berührung, so kann es zur Bildung des hochexplosiven Acetylenkupfers kommen. Schließlich sei noch auf die Löslichkeit des Acetylens hingewiesen. Mit Wasser löst es sich sehr schlecht, große Bedeutung hat jedoch Aceton, das zur Füllung der Gasflaschen verwendet wird, weil Aceton eine sehr große Aufnahmefähigkeit besitzt.

Flüssiggas ist in der Autogentechnik, jedenfalls in unserem Hobbybereich, ein oft verwendetes Gas. Unter der Bezeichnung Propan, Butan oder deren Gemischen, ist es überall im Handel zu bekommen. Der Umgang mit diesem Gas und den entsprechenden Gerätschaften ist eigentlich als „sicher" zu bezeichnen. Campingfreunde und Wohnmobil-Touristen gehen seit Jahrzehnten mit Flüssiggas um, ohne das es zu nennenswerten oder schweren Unfällen gekommen ist. Gefährlich kann es aber in Räumen werden, in denen mit Flüssiggas gearbeitet wird oder in denen es lagert. Im dampfförmigen Zustand ist Flüssiggas etwa doppelt so schwer wie Luft. Es hat das Bestreben in tiefer gelegenen Räumen, wie Gruben, Kellern – dazu gehört auch die Garage mit Kellereingang – zu wandern oder einzuströmen. Dieses geschieht unter gleichzeitiger Verdrängung der Luft. Diese Gemische von Flüssiggas mit Luft, wobei nur ein Anteil von 2 bis 9% genügt, um das Gemisch explosionsartig zu entzünden. Die Gefahr des Inbrandsetzens von ausgetretenem Flüssiggas ist besonders groß, da es sich in Bodennähe flächenmäßig ausbreitet. Daher dürfen die Gasbehälter nur oberirdisch gelagert werden. Es ist dringend darauf hinzuweisen, dass die Ventile zur Entnahme des Gases nach Arbeitsende geschlossen werden.

Der Vollständigkeit halber, sollen hier noch Wasserstoff und Leuchtgas angesprochen werden, obwohl es in der Autogentechnik keine Verwendung findet. Wasserstoff ist eines der leichtesten Gase, etwa 14 m³ haben das gleiche Gewicht wie 1 m³ Luft. Das chemische Zeichen ist „H". Wasserstoff ist farb- und geruchlos, er verbrennt an der Luft mit schwach leuchtender und rußfreier Flamme. Auch hier sind die Gemische von Wasserstoff und Sauerstoff schon ab etwa 4,5% Raumanteil explosionsfähig. Ein Mischverhältnis von zwei Raumanteilen Wasserstoff mit einem Raumanteil Sauerstoff bezeichnet man als Knallgas. Es ist schon erwähnt worden: Es ist zu spät, wenn es knallt!

Leuchtgas ist ebenfalls leichter als Luft. Es wurde früher auch Stadtgas genannt, hergestellt durch Kohlevergasung in Kokereien. Stadt- oder Leuchtgas war der übliche Brennstoff der Städte ab Mitte des 19. Jahrhunderts und wurde in der zweiten Hälfte des 20. Jahrhunderts durch Erdgas ersetzt. In West-Berlin wurde – bedingt durch die politisch isolierte Lage – erst nach der Wende in den 1990er Jahren von Stadt- auf Erdgas umgestellt. Das Gas ist infolge seines hohen Gehaltes an Kohlenoxyden giftig. Verschiedene Inhaltsstoffe verleihen ihm einen eigentümlichen Geruch. Gemische von Leuchtgas mit Luft sind ebenfalls bei geringen Raumanteilen explosionsfähig, daher sind auch Leuchtgas/Sauerstoff-Gemische nicht weniger gefährlich. Sauerstoff gehört nicht zu den brennbaren Gasen, muss aber in Verbindung mit Druckflaschen auch in diesem Kapitel abgehandelt werden, zumal Sauerstoff ja selbst nicht brennt, aber zum Verbrennungsprozess unentbehrlich ist. Sauerstoff bildet die Grundlage jeder Verbrennung, auch die im täglichen Leben. Kerzen, Kohleofen, Gasherd und die Gasheizung sind nur einige Beispiele. In reinem Sauerstoff verläuft die Verbrennung gezündeter oder glühender Stoffe äußerst lebhaft. Ein Stück glühenden Eisens mit Sauerstoff angeblasen verglüht, weil die Oberfläche durch den Sauerstoff die Schmelztemperatur überschreitet. Verbrennungsvorgänge werden schon erheblich beschleunigt, wenn die Luft auch nur um wenige Prozent mit Sauerstoff angereichert ist. Deshalb darf Sauerstoff niemals zur Luftverbesserung in Räumen, Behältern usw. verwendet werden. Ein Pullover eines Schweißers, der mit Sauerstoff angereichert ist, kann, wenn gezündet wird, diesem Menschen äußerst gefährliche Brandverletzungen zuführen. Reiner Sauerstoff kann zu Entzündungen von Ölen und Fetten führen. Auf diese Eigenschaften und Gefahren ist schon im Kapitel über die chemisch-physikalischen Gegebenheiten von Sauerstoff hingewiesen.

Der Umgang mit Gasflaschen

Gasflaschen für Sauerstoff, Pressluft, Stickstoff und Brenngase unterliegen den Bestimmungen der Druckgasverordnung, die in einschlägigen Vorschriften u. a. über die Prüfung, Kennzeichnung und Füllung enthalten sind. Alle Flaschen, außer denen, die als Einwegflaschen in Kaufhäusern und Baumärkten zu erwerben sind, müssen in amtlich festgelegten Zeitabständen geprüft werden. Sie dürfen nur mit dem auf der Flasche angegebenen Gas gefüllt werden. Zur äußeren Unterscheidung werden die Flaschen farblich nach Art des Gases gekennzeichnet. Diese Farbkennzeichnung dient als ergänzende und unterstützende Information. Die einzig verbindliche Kennzeichnung des Flascheninhalts erfolgt durch den Gefahrgutaufkleber. Mit der Farbkennzeichnung an der Schulter von Druckflaschen wurde 1996 begonnen. Diese Umstellung sollte bis zum 01.07.2009 erfolgt sein und ist zusätzlich mit einem Großbuchstaben „N" für „Neu" gekennzeichnet. Aufgrund gesetzlicher Prüfvorschriften und Vorgaben zu Prüffristen von Druckgasflaschen wird der Buchstabe N in vielen Fällen sicherlich noch zehn Jahre vorhanden sein. Hier nun einige Farbangaben von Druckflaschen, die in Schulterfläche und Mantelfläche unterschieden wird.

Gase	Schulterfarbe	Mantelfarbe
Sauerstoff	weiß	grau
Acetylen	braun	braun
Argon	dunkelgrün	grau
Wasserstoff	rot	rot
Stickstoff	schwarz	grau
Helium	braun	grau
Flüssiggas	rot	rot
Campinggas	grau mit rotem Fuß	

Zur Verhütung von Verwechselungen haben die Flaschenventile für die verschiedenen Gase unterschiedliche Anschlüsse. Aus diesem Grund ist die Benutzung von Übergangsstücken grundsätzlich untersagt.

Flaschenanschluss-Ventil mit Gewindestutzen für die Sauerstoff-Armatur ▶

Flaschenanschluss-Ventil ohne Gewinde für den Bügelanschluss der Acetylen-Armatur

Den Inhalt der Flaschen bei verdichteten Gasen (Sauerstoff, Stickstoff, Pressluft usw. kann man annähernd wie folgt ermitteln:

Gasinhalt I = Flaschendruck p × Rauminhalt V
Als Beispiel: p = 150 bar
V = 40 l
Gasinhalt: I = 150 × 40 = 6.000 l

Bei einem Flaschendruck von nur noch 50 bar hat die gleiche Flasche auch nur noch 2.000 l Gasinhalt.

Das gelöste Gas „Acetylen" kann wegen seiner physikalischen Eigenschaften nicht sehr hoch verdichtet werden, wie z.B. Sauerstoff. Für die Speicherung ist in jeder Acetylenflasche eine poröse Masse mit Aceton getränkt, dieses vermag Acetylen in großen Mengen zu binden und zu lösen. Der höchstzulässige Druck der Füllung einer Acetylenflasche darf 18 bar bei 15°C nicht überschreiten. Der Druck in der Flasche ändert sich in Abhängigkeit von der Außentemperatur. Steht die Flasche in einer Umgebung von 25°C, wird der Druck auf 22 bar steigen, während bei einer Umgebungstemperatur von 0°C etwa 13 bar angezeigt werden. Eine 40-l-Flasche enthält bis zu 5.680 Liter Acetylen bei 15°C.

Transport und Aufstellung

Über den Transport und die Lagerung von Gasflaschen gibt es einschlägige Richtlinien, die bei den Berufsgenossenschaften und dem TÜV angefordert und eingesehen werden können. Das Internet kann unter Umständen bei Unklarheiten weiter helfen. Einige Punkte sind für uns wichtig und sollen hier Erwähnung finden.

Beim Transport müssen die Flaschen mit ihren Schutzkappen versehen sein, bei Flüssiggasflaschen ist die Ventilschutzmutter zusätzlich aufzuschrauben. Die Flaschen sind sorgsam zu behandeln, sie dürfen nicht geworfen oder gerollt werden. Der Transport im eigenen PKW ist zwar erlaubt, unterliegt aber genauen Bestimmungen und Vorschriften gefährlicher Güter. Die Beachtung der Hinweise dient nicht nur der eigenen Sicherheit, sondern es werden auch bußgeldpflichtige Ordnungswidrigkeiten vermieden. Schon vor Antritt der Fahrt sind einige Dinge zu prüfen. Die Druckminderer und sonstige Armaturen, wie Rückschlagventile, sind abzuschrauben. Die Flaschenventile sind zu schließen und auf Dichtigkeit zu prüfen, z.B. mit Lecksuchspray. Die Verschlussmutter ist auf den seitlichen Ventilstutzen aufzuschrauben und die Flaschenkappen sind ebenfalls zu montieren. Die Ladung der Flaschen hat so zu erfolgen, dass sie weder hin und her rollen, noch dürfen sie verrutschen. Hier sollen auch Kurvenfahrten und starkes Bremsen berücksichtigt werden. Ein geeignetes Holzgestell, in dem die Flasche sicher gelagert werden kann, wird möglichst quer zur Fahrtrichtung geladen und mit geeigneten Spanngurten gesichert. Bei den meisten PKW-

Typen wird man aber vergeblich auf genügend stabile Fahrzeugteile (Befestigungsmöglichkeiten) stoßen, um Spanngurte zu befestigen. Der Transport soll so kurz wie möglich erfolgen und die Lagerung in einem Fahrzeug ist grundsätzlich untersagt, das bedeutet, dass auch längere Fahrten z.B. auf der Autobahn nicht gestattet sind. Also, den nächstliegenden Gasehändler aufsuchen, korrekt laden, Ladesicherung beachten und auf dem kürzesten Weg zur Arbeitsstelle fahren, um sogleich die Flaschen zu entladen. Die Flaschen dürfen auch über Nacht nicht im Fahrzeug in der Garage verbleiben. Flüssiggasflaschen müssen außerdem immer nur stehend transportiert werden. Zum Thema Belüftung im Auto noch einige Worte. Der Transport von Gasen soll vorzugsweise in offenen oder belüfteten Fahrzeugen erfolgen. Eine offene Ladepritsche wäre ein Idealfall, schwieriger wird die Lüftung eines Kastenwagens, eines Kombis oder gar des Kofferraumes eines PKW. Vorteilhaft sind fest eingebaute Kiemen oder Rosettenöffnungen, die allerdings auch nicht zugestellt sein dürfen. Ausnahmsweise dürfen auch geöffnete Fenster oder ein geöffneter Kofferraumdeckel verwendet werden, die aber auch beim Parken nicht geschlossen werden dürfen. Wie gesagt: nur ausnahmsweise! Noch eines sollten sich einige Zeitgenossen noch merken: Während des Beladens, der Fahrt und Entladens ist das Rauchen verboten, generell ist das Rauchen in der Nähe von Gasbehältern untersagt, denn es könnte ansonsten die letzte Zigarette gewesen sein.

Nicht nur über den Transport, sondern auch bei Aufstellung und Lagerung sollen und müssen gewisse Richtlinien beachtet werden. Sie sollen eine sichere Autogenarbeit gewährleisten. Gasflaschen sind grundsätzlich so aufzustellen und zu lagern, dass sie nicht umfallen können, vor herabfallende Gegenstände geschützt sind und sich nicht in unmittelbarer Nähe von Wärmequellen befinden. Also nicht in der Nähe von Öfen, Brennern, Heizungen, ja sogar die direkte Einstrahlung von Sonnenlicht ist zu umgehen. Keinesfalls sollte man die Flaschen in schlecht belüfteten Räumen aufstellen und lagern. Insbesondere sind hier Kellerräume und Garagen zu nennen. Es könnte zu einer Anreicherung einer explosiven Mischung kommen. Beim Starten des Autos oder Anschalten des Kellerlichtes könnte es zu gefährlichen Explosionen kommen. In Fluren, Durchgängen, Treppenhäusern oder sonstigem Wohnbereich haben Druckflaschen ebenfalls nichts zu suchen.

Leere Flaschen sind grundsätzlich wie volle zu betrachten und zu behandeln!

Schwergängige Flaschenventile dürfen nicht gewaltsam, z.B. mit einer Zange, geöffnet werden, es ist eine Unsitte festsitzende Überwurfmuttern, z. B. vom Druckminderer, erst mit dem Hammer loszuschlagen, um sie dann von Hand abzuschrauben, nur weil gerade kein passender Schlüssel zur Hand ist. Solche Flaschen, mit derart defekten Ventilen dürfen nicht in Betrieb genommen werden. Sollte es wirklich einmal vorkommen, dass der Gasehändler so eine Flasche ausgeliefert hat, soll sie ihm unverzüglich zurückgebracht werden. Es ist einfach zu gefährlich, mit defekten Gasflaschen zu hantieren und daran herumzuschrauben. Der Händler weiß um die Gefahren und wird sicherlich die Flasche sofort umtauschen, dazu ist er sogar verpflichtet. Undichte Ventile an Flaschen oder auch nur undichte Einweg-Gaskartuschen müssen sofort ins Freie gebracht werden. Das Gas muss kontrolliert entweichen, es darf nicht geraucht oder mit der Flamme hantiert werden. Keine Hektik aufkommen lassen, eventuell die Umgebung absperren, auf alle Fälle die Flaschen unter Beobachtung halten, bis sie vollkommen entleert ist.

Wer mit Acetylen hantiert, muss bei Bränden und Flammenrückschlägen wissen, wie er sich in solch gefährlichen Situationen zu verhalten hat. Unkenntnis und falsches Verhalten können zu sehr schweren Verbrennungen, ja sogar zum Tode führen. Die Berufsgenossenschaften geben Merkblätter zum Umgang mit Acetylen und deren Druckflaschen im Allgemeinen heraus und im Speziellen eine Verhütungsvorschrift zu Vermeidung von Acetylen-Flaschenexplosionen. Einige wichtige Punkte sollen hier Erwähnung finden. Acetylen-Flaschenexplosionen sind die Folge einer Acetylenzersetzung, die unter starker Temperatur-und Druckerhöhung verläuft.

Eine Zersetzung kann eingeleitet werden:

1. Durch Flammenrückschlag vom Brenner
2. Durch äußere Erwärmung (brennende Gegenstände, lange starke Sonneneinwirkung)
3. Durch Acetylenbrände an Flaschen und Druckminderventilen

Merkmale einer Acetylenzersetzung:
Eine Acetylenzersetzung hat begonnen, wenn nach einem Flammenrückschlag die Temperatur der Flaschenwand – am Flaschenkopf beginnend – ansteigt, oder aus dem geöffneten Ventil Ruß und Qualm mit dem ausströmenden Gas mitgeführt wird oder ein unnormaler Geruch auftritt.

Das Verhalten bei einem Brand ist besonders wichtig:
Das Flaschenventil ist sofort zu schließen, spätestens hier merken wir, die oben aufgeführten Sätze von defekten Flaschenventilen einzuordnen. Den Druckminderer sofort abschrauben, danach das Flaschenventil langsam öffnen, tritt der vorher beschriebene Qualm aus, hat mit Sicherheit eine Acetylenzersetzung begonnen. Möglichst sofort die Flasche ins Freie bringen und in jedem Fall mit großen Wassermengen (Schlauch) fortlaufend kühlen. Wenn möglich mehrere Schläuche verwenden. Die Feuerwehr ist sofort zu benachrichtigen. Die Umgebung soll schnell geräumt werden, denn explodierende Flaschen können mehrere Hundert Meter weit fliegen. Die Flaschen dürfen auch nach Abkühlung nicht weiter benutzt werden. Sie sollen deutlich gekennzeichnet werden, dem Flaschenlieferanten zurückgegeben werden, dieser wird dann das Füllwerk benachrichtigen. Ich habe schon einmal eine Acetylenzersetzung erlebt. Es ist zwar schon etwa 45 Jahre her – es war während meiner Ausbildung – und ich kann mich nur noch schwach daran erinnern, aber das Ereignis war danach Gegenstand der theoretischen Ausbildung. Hinter unserer Firma verlief ein kleiner Bach, die Flasche wurde schnell zu diesem Bach gebracht und einfach hineingeworfen. Die Werkfeuerwehr stellte einen Brandschutz.

Nochmals eine kurze Zusammenfassung:

Es darf niemals …

… Fett, Glyzerin oder Öl an Sauerstoff gelangen!

… mit Sauerstoff belüftet werden!

… Kupfer in Acetylenleitungen verwendet werden!

… der Arbeitsdruck bei Acetylen 1,5 bar überschreiten!

… Ein Hohlkörper nicht als Werkstückunterlage benutzt werden!

Es muss dagegen stets …

… mit Brandgefahren gerechnet werden!

… die Schläuche und Armaturen geprüft werden!

… der Brenner auf Saugfähigkeit kontrolliert werden!

… der Brenner richtig an- und abgestellt werden!

… nur einwandfreies Schweißgerät benutzt werden!

… nur einwandfreie Ventile und Druckminderer verwendet werden!

… die Absaugung und Belüftung in engen Räumen erfolgen!

Denn es ist zu spät wenn es knallt!

Ein guter Spruch soll uns bei Schweiß- und Lötarbeiten immer begleiten:

„Gar mancher Unfall bleibt erspart, wenn sich Verstand mit Vorsicht paart"

Die Gerätschaften

Druckgasflaschen, Absperrventile, Druckminderer

Vieles ist schon gesagt worden über Gas und Sauerstoff, über deren Eigenschaften, Gefahren und Sicherheitsbestimmungen. In diesem Kapitel sollen die Geräte, die die Energieträger beinhalten, nämlich die Druckflaschen und deren Peripheriegeräte, wie Absperrventile und Druckminderer behandelt werden. Schläuche, Handstücke und Brenner sowie die luftsaugenden Geräte werden im nächsten Kapitel zusammengefasst. Als Energieträger sind Gas- und Sauerstoffflaschen in unterschiedlichster Größe, Ausführung und Form auf dem Markt erhältlich. Über Großanlagen, die aus ganzen Bündeln Sauerstoff oder auch Stickstoff bestehen – die ausschließlich in der Industrie Verwendung finden – soll hier aber nicht gesprochen werden.

Beginnen wollen wir hier mit dem Sauerstoff, der für sich allein nicht brennbar ist, aber in außerordentlicher Weise für die Verbrennung fördernd wirkt. In unserer Atmosphäre, das heißt, in unserer Atemluft befinden sich rund 21% Sauerstoff, der Rest ist Stickstoff und einige wenige Anteile Edelgase. Die 21% Sauerstoff reichen, um zum Beispiel eine Kerze zum Brennen zu bringen. Ohne Sauerstoff würde unsere Erde, so wie wir sie kennen, einfach nicht existent sein. Die Sauerstoffflasche ist ein zylindrisches Stahl- oder Aluminiumgefäß, welches mit Sauerstoff gefüllt wird. Der Sauerstoff wird üblicherweise mit einem Druck von 200 bar in ein derartiges Gefäß eingesperrt. Dieses Gefäß ist in den unterschiedlichsten Größen erhältlich. 2-Liter-, 5-Liter- oder auch noch 10-Liter-Flaschen sind für uns Modellbauer die bevorzugten Größen. Beim Kauf dieser nicht billigen Geräte soll man wissen, was will ich löten? Will ich einen gasintensiven Lötvorgang an einem Dampfkessel ausführen, oder will ich nur kleine Punktlötungen tätigen, die wenig Energie benötigt. Hier sollte schon im Vorfeld abgeklärt werden, was für eine Größe ist für mich die Richtige. Die Einheit des Volumens ist in „Liter" angegeben, die des Flaschendrucks in „bar". Das Volumen des Gases wird nach der Faustformel Füllvolumen mal Flaschendruck berechnet. Da der atmosphärische Druck immer annähernd 1 bar beträgt, ist er in dieser Formel bei den Berechnungen zu vernachlässigen. Wir wollen mit dieser Formel auch nur annähernd abschätzen, wie viel Volumen ist bei einem gegebenen Druck noch in der Flasche? Somit hat zum Beispiel eine Sauerstoffflasche mit 2 Liter Füllvolumen bei einem Fülldruck von 200 bar, einen Inhalt von 400 Liter Sauerstoff bei einem Umgebungsdruck von 1 bar (Atmosphäre). Haben wir nun zum Beispiel nur noch einen Fülldruck von 20 bar, so entspricht das Volumen nur noch 40 Liter Sauerstoff. Hierbei kann man sehr gut abschätzen, wie lange kann ich noch bei gegebenem Verbrauch löten? Es kann und soll auch nur abgeschätzt werden, weiß man aber vorher mit Sicherheit, dass der Gasvorrat nicht mehr ausreicht, sollte vorher für Ersatz gesorgt werden. Sauerstoffflaschen für medizinische Zwecke sind komplett weiß lackiert, während diejenigen, die für unsere technischen Zwecke dienen nur eine weiße Flaschenschulter aufweisen müssen. Gefahr geht vom hohen Gasdruck von 200 bar aus, der bei unsachgemäßer Behandlung zur Explosion der Flasche führen kann. Reiner Sauerstoff wirkt extrem brandbeschleunigend. Fette können sich in reinem Sauerstoff selbst entzünden, daher darf an Gewinden von Schläuchen, Armaturen, Handstück und Brennern keinerlei Fette und Öle gelangen. Ein schwergängiges Gewinde mit Fetten und Ölen wieder gangbar zu machen kann tödlich enden.

Alle Sauerstoffflaschen besitzen ein Absperrventil, das sogenannte Flaschenventil. Es ist

Flaschenventil einer Sauerstoffflasche mit Gewindeanschluss G 5/8" für die Sauerstoff-Armatur

in Deutschland, Österreich und der Schweiz gleich und findet sich in der DIN 477 Nr.9, G 3/4" wieder. Einige andere europäische Länder, aber längst nicht alle, haben ebenfalls dieses Flaschenventil eingeführt. Passend zu diesen Ventilen haben die Druckminderer ebenfalls das G 3/4" in der Überwurfmutter. Der maximale Eingangsdruck ist 200 bar.

Als weiteres sehr wichtiges Gerät ist der Druckminderer an der Sauerstoffflasche zu nennen. Ein Druckminderer oder Druckminderungsventil, Reduzierventil ist eine Vorrichtung, welche trotz unterschiedlicher Eingangsdrücke dafür sorgt, dass auf der Ausgangsseite ein bestimmter Ausgangsdruck nicht überschritten wird. Im Prinzip wirken alle Druckminderer gleich. Der Druck auf der Eingangsseite (Flaschendruck) wirkt auf einer Seite einer Membran, auf die andere Seite wirken der Luftdruck und eine Einstellfeder. Anders ausgedrückt beruht die Funktion auf dem Gleichgewicht der auf beiden Seiten der Regelmembran wirkenden Kräfte. Ist zum Beispiel die Kraft der Stellfeder größer als die Gegenkraft des Entnahmedrucks der Flasche, wird der Regelschieber von der Membran weiter geöffnet. Dadurch erhöht sich der Gasdruck so lange, bis der Entnahmedruck eine Druckkraft ausübt, die mit der Feder wieder im Gleichgewicht steht. Wird eine der am Gleichgewicht beteiligten Kräfte verändert, zum Beispiel die Kraft der Stellfeder über die Drehung des Handrades, so erfolgt zwangsläufig ein neues Gleichgewicht, welches eine Veränderung des ursprünglichen Druckes bewirkt. Daraus resultiert eine charakteristische Eigenschaft von Druckminderern, nämlich das Ansteigen des Hinterdrucks (Brennerdruck) um ca. 0,5 bis 2 bar bei abnehmendem Vordruck (Flaschendruck). Zweistufige Druckminderer regeln den Hinterdruck vollkommen unabhängig vom Vordruck. Mit Abnahme des Gasvolumens aus der Flasche verändert sich der Vordruck, will oder muss ein konstanter Hinterdruck vorhanden sein, kann man beim einstufigen Druck-

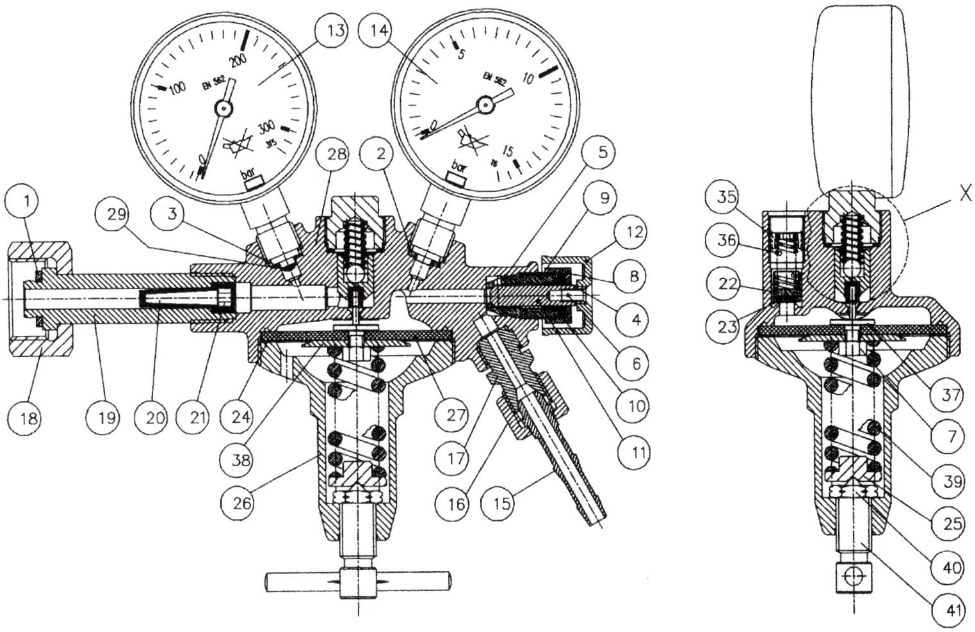

▲ **Schnittzeichnung eines Sauerstoff-Druckminderers mit Auflistung und Bezeichnungen der Einzelteile**

Einzelheit "X"
M 2:1

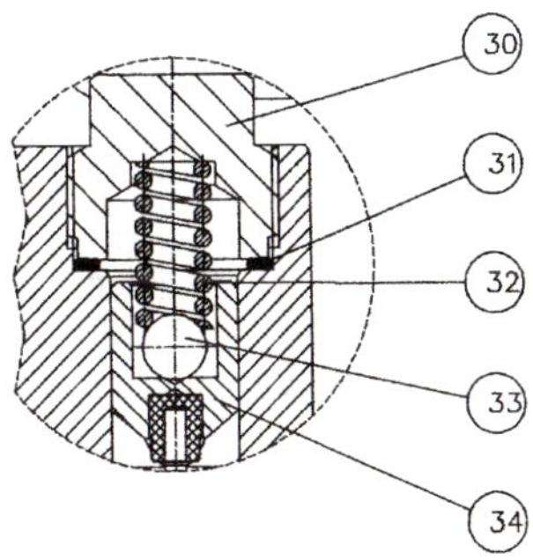

Sauerstoff-Druckminderer-Armatur in einstufiger Ausführung mit Überwurfmutter G 5/8" und Schlauchanschluss G ¼" mit Absperrventil

minderer mit der Hand nachregeln, welches nicht in jeder Situation exakt zu bewerkstelligen ist, oder man muss einen zweistufigen Druckminderer verwenden. In der Industrie, zum Beispiel in der Lasertechnik, werden sogar dreistufige Druckminderer eingesetzt. Zweistufige Druckregler sind nichts anderes, als zwei hintereinander in Reihe montierte Druckminderer. Zwei ganz wichtige Elemente beim Flaschendruckminderer sind die beiden Druckanzeiger, sie werden auch als Manometer bezeichnet. Das erste Manometer aus Richtung Flaschenanschluss zeigt den augenblicklich vorherrschenden Flaschendruck an, er ist ein wichtiges Indiz für den Füllstand des Gases in der Flasche und damit ein wichtiges Kriterium zur Abschätzung der verbleibenden Arbeitszeit. Mit dem zweiten Manometer lesen wir den einstellbaren Hinterdruck ab, es kann beobachtet werden, ob sich der Druckzustand verändert und ob dann eventuell nachgeregelt werden muss. In der Praxis sind beim Lötvorgang kaum Nachregelungen vonnöten, weil wir kleinere Druckminderungen an der Flamme kaum merken. Es sei denn wir wechseln die Brennerspitzen von ganz klein auf ganz groß, dann könnte eventuell eine Drucknachregelung des Brennerdruckes erfolgen. Jeder Druckminderer hat noch ein Absperr- oder Regelventil, hiermit kann der Durchfluss geregelt oder ganz abgesperrt werden, der Druck erfährt dabei keinerlei Veränderung. Nach erfolgter Arbeit muss der Reihe nach als Erstes das Flaschenventil geschlossen werden, danach am Handstück das Regelventil öffnen, um die Schläuche und den Druckminderer zu entlasten und zum Schluss die Absperrventile von Druckminderer und Handstück schließen.

Zu den Gasflaschen, die für unsere Lötarbeiten im Modellbau infrage kommen, gehören weniger die Acetylen-Flaschen, sondern vielmehr die Propangasflaschen und nochmals steigernd die Gaskartuschen, die, aufgrund der problemlosen Verfügbarkeit, vermehrt zum Einsatz kommen. Genau an diesem Punkt soll aber auch gesagt werden, mit den Kartuschen sind die Lötmöglichkeiten doch sehr eingegrenzt. Kleinere, nicht so wärmeintensive Arbeiten verlangen oftmals eine spitze eingeengte Flamme, diese ist mit den üblichen Kartuschenbrennern nicht möglich. Andererseits erfordert eine wärmeintensive Lötung mit größerem Materialvolumen eine höhere Wärmezufuhr, die mit den Temperaturen der Kartuschenflamme über-

Acetylen-Druckminderer-Armatur mit Bügelanschluss, passend nur für die Acetylenflasche und Schlauchanschluss G 3/8" Links mit Absperrventil

haupt nicht zu erreichen sind. Natürlich kann man ganz normale Rohr- oder Drahtverbindungen mit solchen Werkzeugen ausführen. Es gibt ja eine fast nicht mehr überbietbare Vielfalt an Gerätschaften zum Löten, zum Anwärmen, zum Aufwärmen in Marktständen, zum Abflammen von Unkraut, zum Dichtschweißen von Gummibahnen auf Flachdächern und das sind nur einige Möglichkeiten um Propan zu nutzen. In diesem Buch kann nur ein ganz geringer Verwendungszweck von Propan angesprochen werden, aber dennoch möchte ich mit der Technik und dem Umgang von Acetylenflaschen beginnen. Diese Technik ermöglicht erst eine Flamme über 3.000°C, damit sind gewisse größere Lötarbeiten überhaupt erst auszuführen. Acetylenflaschen sind ähnlich den Sauerstoffflaschen ausgeführt und aus Stahl gefertigt und haben ein Volumen von 10 bis 50 Litern.

Die Farbkennzeichnung nach DIN EN 1089 ist Kastanienbraun RAL 3009. Das Flaschenventil hat einen Bügelanschluss nach DIN 477 Blatt 1, Nr. 3 und an ihm kann nur ein, extra für diesen Verwendungszweck benötigter, Druckminderer angeschlossen werden. Ein weiteres spezifisches Merkmal von Acetylenflaschen ist das ovale Handrad des Absperrventils. Wenn wir mit Acetylen- und Sauerstoffflamme arbeiten wollen oder müssen, sollten wir uns an einen Handwerks- oder Industriebetrieb wenden. Diese Firmen gewährleisten einen sicheren Umgang mit dieser Technik, denn es besteht ein nicht zu unterschätzendes Gefahrenpotenzial, wenn damit nicht sachgerecht umgegangen wird. Eine Lagerung oder Inbetriebnahme dieser Geräte in normalen Wohnungen und Haushalten und damit selbstverständlich auch in unseren Bastelräumen ist nicht erlaubt. Ganz zu schweigen von Mietwohnungen oder Eigentumswohnungen mit mehreren Parteien. Es ist ausdrücklich verboten in Wohnungen und Kellerräumen Gasflaschen, egal ob Acetylen oder Flüssiggas zu lagern oder in Betrieb zu nehmen. Weil dies so gefährlich sein kann,

Propan-Gasflasche mit Flaschenventil und Druckminderer, mit Schlauchanschluss sowie Gefahrgutaufkleber

wird an mehreren Stellen in diesem Buch darauf hingewiesen. Man sieht das oft auf Baustellen, wenn zum Beispiel im Keller an der Heizung oder Wasserversorgung geschweißt oder gelötet werden muss. Hier liegen die Versorgungsflaschen immer außerhalb des Gebäudes, meist schräg auf einem Kantholz. Damit soll verhindert werden, dass die Gase in die Kellerräume gelangen können.

Die weitaus meisten lötwilligen Mitmenschen werden sich mit Flüssiggasflaschen oder Kartuschen ausrüsten und damit auch die meisten Lötarbeiten ausführen können. Weit verbreitet sind die grauen Flüssiggasflaschen, mit den für uns gebräuchlichsten Größen von 5 kg oder sogar 11 kg Gasinhalt. Das entspricht 12 Liter Rauminhalt für die kleinere Flasche und die größere Flasche hat einen Rauminhalt von 27 Litern. Weit verbreitet sind diese Flaschen bei Campern, ob nun im Wohnwagen oder im Zelt, hier sind diese Flaschen sehr viel im Einsatz. Auch hier steht wieder die Sicherheit im Vordergrund. Im Wohnwagen steht die Gasflasche immer außerhalb des Wagens auf der Anhängedeichsel. Die Flüssiggasflaschen müssen der Druckbehälterverordnung entsprechen. Die Absperrventile müssen DIN 4777 Teil 1 entsprechen und einschließlich der Anschlüsse nach der Druckbehälterverordnung zugelassen sein. Flüssiggasflaschen müssen zur Entnahme stehend aufgestellt werden. Die Bezeichnung „Flüssiggas" ist darauf zurückzuführen, dass sich diese Gase, bekannt als Propan und Butan, bereits bei relativ geringem Überdruck von ca. 2,5 bar oder Minustemperaturen verflüssigen lassen. Bei normalem Luftdruck befindet sich Flüssiggas im gasförmigen Zustand. Aus 4 Litern flüssigem Gas werden 1.000 Liter gasförmiges Gas. Verflüssigt lässt es sich in Gasflaschen sehr gut transportieren und lagern. Flüssiggas ist schwerer als Luft und sammelt sich daher in tiefer gelegenen Räumen, wie Kellern und Gruben. Die Flaschenventile von Brenngasbehältern sind genormt nach EN 962 für ortsbewegliche Gasflaschen, für die Ventilschutzkappen und Ventilschutzvorrichtungen. Die Norm gibt Auskunft über die Gestaltung, die Konstruktion und Prüfungen. Je nach Gasart über unterschiedliche Verschraubungen um Verwechslungen zu vermeiden, ja nicht nur vermeiden, sondern auszuschließen. Die Verwendung von Adaptern ist in Deutschland grundsätzlich verboten!

Zum Beispiel sind die genormten Flaschenanschlüsse mit folgenden Gewinden versehen:

Acetylen	Bügelanschluss
Druckluft	R 5/8" Innengewinde
Inertgas N_2, He, CO_2	R 3/4" Außengewinde
Sauerstoff	R 5/8" Außengewinde
Brenngas H_2	Außen-Linksgewinde

Hauptsächlich sind die Unterschiede zwischen Sauerstoff und Brenngas im Rechts- und Linksgewinde zu sehen, die eine Verwechselung nahezu ausschließt. Hiermit zeigt sich auch sehr deutlich, warum Adapterstücke verboten sind.

Weitere Normen geben Auskunft in der EN ISO 11 114 über ortsbewegliche Gasflaschen und deren Verträglichkeit von Werkstoffen für Flaschen und Ventile mit den in Berührung kommenden Gasen. Etwa die DIN 4661 für geschweißte Stahlflaschen, oder die DIN 4664 für nahtlose Flaschen aus Stahl. Eine Gasflasche muss eine Kennzeichnung besitzen. Auch hier gibt es eine Europa-Norm, kurz EN bezeichnet, nämlich die EN 1089 in Deutschland als DIN EN 1089 bezeichnet. Diese Norm beinhaltet die Stempelung, den Gefahrenzettel und die Farbkodierung. In der Regel sind die Eigentumsflaschen von Industriegasen grau lackiert und besitzen einen roten Fußring. Sie haben Gefahrgutaufkleber und eine Stempelung, meist im Tragegriff-Bereich. Sie können in Deutschland und Nachbarstaaten problemlos umgetauscht werden.

Wichtige Elemente sind neben den Absperrventilen für Flüssiggasflaschen die Druckminderer, sie sind ein selbstverständlicher Bestandteil eines Flüssiggas-Lötgerätes. Technisch betrachtet stehen Druckminderer mit einem fest eingestellten Druck, der auf dem Gerät angegeben wird, als auch mit einem Handrad einstellbare Druckminderer zur Verfügung. Die Festdruckgeräte weisen meist einen Druck von 50 mbar auf, das ist auch ein Druck, mit dem wir die meisten Lötarbeiten ausführen können. Sollten allerdings einige größere, voluminöse Anwärmarbeiten vonnöten sein, so empfiehlt sich ein höherer Gasdruck. Hierbei wäre ein erforderlicher Druck von etwa 1,5 bar einzustellen, dementsprechend muss auch der Brenner angepasst werden. Nur für ganz vereinzelte Lötarbeiten ist ein viel geringerer Gasdruck ausreichend. Ich denke da an gewisse Lötarbeiten im Flug- oder Schiffsmodellbau, zum Beispiel das Löten

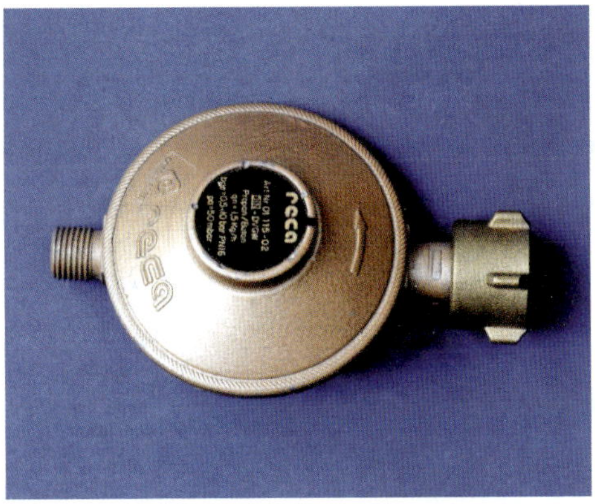

Druckminderer für Propan-Gasflaschen mit Überwurfmutter G ¾" Außen-Links-Gewinde und G ¼" Linksgewinde für den Schlauchanschluss

eines Fahrgestells oder einer Reling. Dazu sind eigentlich die selbstansaugenden Brenner für Flüssiggas nicht geeignet. Mit ihnen kann man nur sehr begrenzt eine feine, spitze Flamme einstellen. Hierbei ist wiederum der Brenner entscheidend. Es gibt sogenannte Mikro-Brenner, die mit Feuerzeuggas gefüllt werden auf dem Markt. Mit solchen Minigeräten habe ich mit Flüssiggas sehr erfolgreich derartige Lötarbeiten ausgeführt.

Weil wir aber gerade bei den Feinlötarbeiten und zudem noch bei den Druckminderern sind, möchte ich an dieser Stelle eine weitere Variante eines Lötverfahrens im Minidruckbereich ansprechen. Dies geschieht allerdings wieder mit Gas und Sauerstoff. Die Firma Greggersen hat ein Mikro-Handstück mit Brennerspitzen, die aus Nadeldüsen bestehen und von 0,8 bis 1,5 mm Düsendurchmesser angeboten werden. Diese Geräte, aber auch andere, möchte ich in einem gesonderten Kapitel ansprechen, es ist für mich das Non-Plus-Ultra im Hartlötbereich des Modellbaus. Wir wollen aber erst einmal beim Druckminderer-Bereich bleiben. Die Firma Greggersen bietet für ihren normalen Druckminderer, der an die Sauerstoffflasche angeschlossen wird, nochmals eine weitere Druckminderstufe an. Dieses wird mit einer Feinstregelstufe verwirklicht, die sozusagen als zweistufiger Druckminderer arbeitet. Er wird einfach als zweite Stufe in Reihe an den normalen Druckregler angeschraubt. Der einstellbare Druckbereich liegt zwischen 0,2 und 1 bar, selbstverständlich ist dieser zweite Minderer mit einem entsprechenden Manometer ausgerüstet und das Schlauchgewinde ist das Gleiche wie an dem normalen Druckminderer.

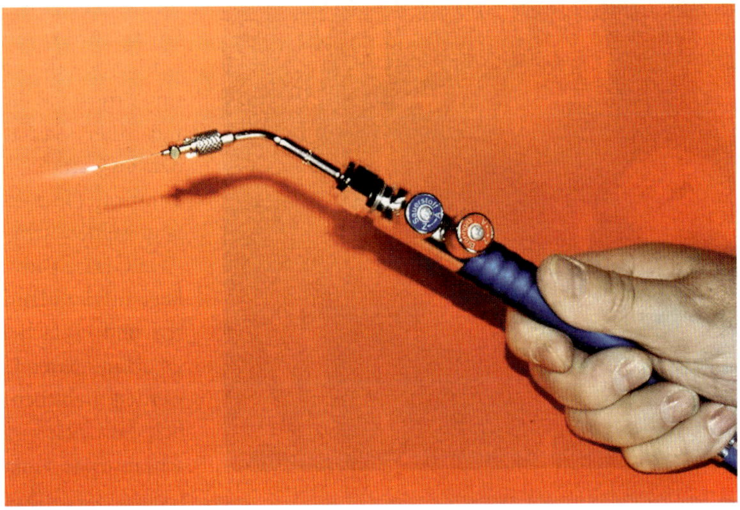

Das Micro-Handstück (Firma Greggersen) mit Einsatz und Nadeldüse, gut ist die kleine Mikroflamme zu sehen

Der Feinst-Druckregler mit Manometer und angeschraubtem Rückschlag-Sicherheitsventil ▶

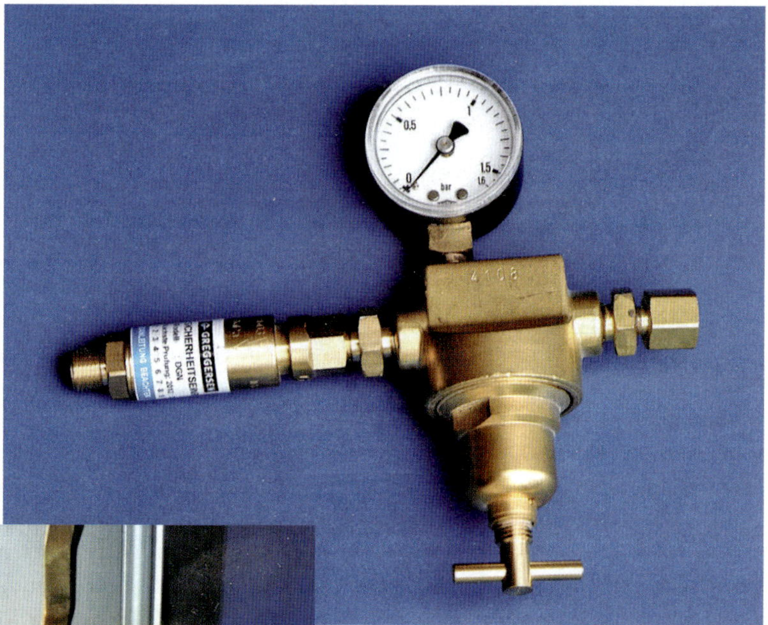

Der Greggersen-Gassparer mit Pilotflamme und Feinst-Druckregler im Arbeitseinsatz ▼

Gaskartuschen unterliegen nicht diesen Flaschennormen und werden in den unterschiedlichsten Kartuschen-Formen und Größen in Baumärkten oder bei Gase-Händlern angeboten, manche Versandhäuser versenden sie sogar mit der Post. Das Internet erteilt hier in einer schier überwältigenden Flut Auskunft. Nicht jeder Gaskocher, Heizstrahler, Gasofen, Gaslampe oder eines der vielen weiteren mit Propangas betriebenen Geräte wird mit einer Gasflasche betrieben. Besonders im Campingbereich sind Kocher und Lampen, die mit Gaskartuschen betrieben werden sehr beliebt. Zum Beispiel viele Geräte von Campingaz. Der Vorteil liegt auf der Hand: Leicht zu transportieren und einfach in der Bedienung. Ein Druckminderer, Gasregler oder Schläuche werden nicht benötigt. Man sticht förmlich das Gerät in die Kartusche oder man schraubt sie einfach mit dem Gewinde an das zu verwendete Gerät, beispielsweise an einen Kocher oder Brenner. Viel mehr ist über diese Gaskartuschen eigentlich nicht zu sagen, für unsere Zwecke des Hartlötens sind wiederum so viele unterschiedliche Geräte, von einer enormen Vielzahl von Anbietern auf dem Markt, dass in diesem Kapitel keine Bewertung erfolgen kann. Ich werde versuchen im Kapitel Kartuschen-Brenner mit Lufteinsaugung einige Kriterien mit unterschiedlichen Geräten aufzuführen.

Schläuche, Handstücke, Brenner, Brennerspitzen

Das Wort „Handstück" für den Brennergriff ist wortwörtlich zu betrachten, immerhin nimmt man das Teil wirklich in die Hand. Also wissen wir auch im weiteren Verlauf, was mit Handstück gemeint ist und wollen auch dabei bleiben. Doch der Reihe nach. Ich wollte das komplexe Thema der Gerätschaften etwas entflechten und habe es in zwei Kapiteln aufgeteilt. Das vorherige Kapitel beinhaltete die Druckflaschen, die Absperrventile und die Druckminderer. Das sind die Komponenten, so könnte man sagen, die in der Ecke stehen. Die Flaschen stehen meist an der Wand, sind vorschriftsmäßig mit einer Kette oder einer ähnlichen Sicherung vor dem Umfallen gesichert, die Flaschenventile und Druckminderer sind von einem kleinen Dach vor herabfallenden Gegenständen geschützt und somit stehen diese Flaschen zur weiteren Verwendung und Handhabung in besagter Ecke. Ideal sind transportable Gestelle oder Flaschenkarren, auch sie schützen die Flaschen vor dem Umkippen. Dies sind also quasi die festen Bestandteile der Autogentechnik, aber schon mit den Verbindungsschläuchen zum Arbeitsplatz, dem Schweiß- oder Lötplatz, beginnt der bewegliche Teil der Gerätschaften und somit dieses Kapitel. Folgerichtig sind nun die Schläuche, als weitere Komponente zu behandeln, danach das Handstück und zuletzt die unterschiedlichsten Brenner und Brennerspitzen. Diese Teile sind für den Schweißer, nach allen anderen wichtigen Komponenten, die Teile mit denen er schließlich seine Arbeit ausführen muss. Beginnen wir mit den Druckschläuchen, sie sind die Verbindungselemente, die unser teuer erworbenes Gas vom Druckminderer zum Handstück und damit zur Brennerspitze leiten. Es sind absolut wichtige Teile unserer Autogen-Anlage, die immer pfleglich behandelt werden wollen. Sie dürfen nicht geknickt werden und sollten immer schön glatt aufgewickelt sein. Auch der Arbeitsplatz muss ordentlich sauber sein. Schläuche, die zwischen Bohr- oder Drehspänen liegen, über die auch noch „drübergelatscht" wird, sind schlicht gesagt ein Horror! Solche Schläuche neigen förmlich zu Undichtigkeiten und mit der kleinsten undichten Stelle verlieren wir kontinuierlich Gas. Gasverlust ist nicht nur teuer zu bezahlen, es stellt auch ein ganz erhebliches Gefahrenpotenzial dar. Diese Druckschläuche dürfen wir auch nicht selbst herstellen. Ich habe schon an anderer Stelle von Materialverträglichkeit in Verbindung mit Gasen an Flaschen und Ventilen gesprochen, Gleiches gilt für die Druckschläuche. Die Anschlusstüllen und Nippel sind zwar auch einzeln erhältlich, aber allein schon die Tüllen mit Schlauchschellen dicht zu quetschen ist meist mit einer Beschädigung der Schlauchgummierung verbunden. Zudem sind einzelne Schläuche und Tüllen nicht billiger als fertig konfektionierte Schlauchpakete. Diese Schlauchpakete sind nun das Stichwort, es sind Zwillingsschläuche, die fix und fertig in unterschiedlichsten Längen und Durchmessern angeboten werden. Es sind Schläuche, die mit einer Textilfadeneinlage versehen und extra für Brenngas/Sauerstoff ausgewiesen sind. Sie werden nach DIN 3821/ EN 599 gefertigt und als Zwillings-Schlauchpakete mit eingepressten Tüllen und Überwurfmuttern versehen. Die Schläuche haben unterschiedliche Farben:

Hier sehen wir die Versorgungssäule (Firma Greggersen) mit Druckreglern, Gassparer und Schläuchen, die z.T. aufgewickelt sind, um für den nächsten Einsatz wieder griffbereit zu sein

Rot für Brenngas – Überwurfgewinde – G 3/8" Linksgewinde
Blau für Sauerstoff – Überwurfgewinde – G 1/4" Rechtsgewinde

Die Schlauchweiten können zwischen 11, 13 und 16 mm gewählt werden, das sind die Außendurchmesser der Schläuche. Für unsere Zwecke sind 11 mm mehr als ausreichend. Beide Schläuche, also für Gas und Sauerstoff haben den gleichen Durchmesser von 4 mm innen und 11 mm außen. Solche Schlauchpakete sollten wir nur im Schweißbedarf-Fachhandel kaufen, zumal sie dort meistens in unterschiedlichen Längen zu bekommen sind. Die Länge der Schläuche bestimmt immer die Distanz zwischen Aufstellungsort der Versorgungsflaschen und dem Arbeitsplatz. Der Arbeitsplatz kann unter Umständen ein beweglicher sein, wobei die Schlauchlänge zu berücksichtigen ist. Man sollte immer mindestens zwei Meter mehr rechnen, als man theoretisch braucht, die Schläuche dürfen niemals gespannt werden!

Nun einige Tipps zur Montage der Schläuche. Als Erstes gilt es, die Überwurfmuttern bzw. deren Gewinde zu begutachten. Diese Muttern sollen leicht mit der Hand auf die Anschlussgewinde des Handstücks und des Druckminderers bis fast zum Gewindeende gedreht werden. Erst dann mit einem passenden Gabelschlüssel, das sind 19 mm Schlüsselweite für den Gasüberwurf – Achtung Linksgewinde – und 17 mm für den Sauerstoffanschluss, leicht festziehen. Hierbei sei gesagt: Leicht festziehen ist ein verhältnismäßig dehnbarer Begriff. Ich will auch nicht die Angaben in Ncm angeben, weil sowieso kaum jemand einen Drehmomentschlüssel besitzt. Für den Einen ist „fest" wenn er mit Hammerschlägen die Mutter nicht mehr weiter anziehen kann, für den Anderen gilt ein normaler Kraftaufwand mit dem Hebelarm des Schlüssels als „fest". Beim Anziehen der Überwurfmuttern gilt nicht nur der Begriff „fest", sondern auch „dicht" und da liegt, wie man so schön sagt, der Hase im Pfeffer. Betrachten wir uns einmal die Verschraubungen, so stellen wir fest, dass die Schlauchtüllen vorn eine halbrunde Kuppe haben, diese wird in die konische Bohrung des Anschlussnippels am Handstück oder am Druckminderer eingedrückt. Geschieht das mit allzu starker Gewalt, können die Dichtflächen beschädigt werden. Da nun keine weiteren Dichtelemente vorhan-

▲ **Schlauchanschlüsse an der Versorgungssäule mit gepressten Nippeln und Überwurfmuttern in Rechts- und Linksgewinde**

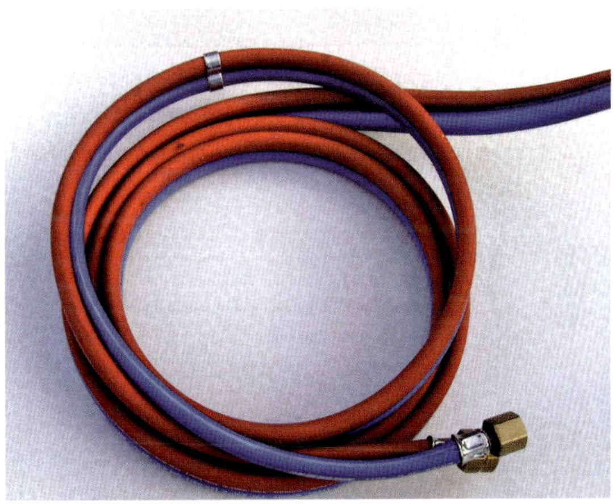

Konfektionierte Schlauchpakete mit gepressten Nippeln und Überwurfmuttern der Handstückschläuche ▶

den sind, können sie auch nicht ausgetauscht werden. Meistens sind diese Verschraubungen dann nicht mehr reparabel, auch bei nochmaligem stärkeren Anziehen ist meist keine Dichtigkeit zu erreichen, ganz im Gegenteil: Die Undichtigkeiten werden größer. Solche Schläuche können dann nur noch entsorgt werden. Wenn möglich sollten die Schläuche immer an den Armaturen und am Handstück belassen werden. Die Anschlüsse an den Flaschen erfolgen mit Dichtungen, diese sollen bei jedem Flaschenwechsel begutachtet werden. Beschädigte Dichtringe sofort austauschen, aber nur gegen solche, die für Gas und Sauerstoff geeignet sind, am besten nur Originaldichtringe verwenden. Hierbei hilft mit Sicherheit der Schweiß-Fachhandel oder der Gase-Händler.

Von Vorteil sind Kompaktgeräte, die meistens einen Flaschenständer für Gas und Sauerstoff aufweisen, schwerere Gerätschaften sind mit Rädern ausgestattet, einige besitzen einen angeschraubten, abschließbaren Werkzeugkas-

Großes Kompaktgerät, die Greggersen-Flaschenkarre mit 20-Liter-Sauerstoff- und -Acetylengasflaschen und angeschraubten Druckminderern, aber ohne Schläuche

ten zum Aufbewahren der Brenner, Schlüssel und Anzünder, aber alle besitzen Halterungen zum Aufwickeln der Schläuche. Ideal für uns Modellbauer sind Kompaktgeräte, sogenannte „Mobile Systeme", die auch gern von Klempnern und Installateuren zur Baustelle mitgenommen werden. In diesen, meist aus Stahlblech gefertigten Koffern, sind die Flaschen fest und sicher untergebracht, die Schläuche sind aufgewickelt, Halterungen für die unterschiedlichen Brennerspitzen, Adapterstücke zum Umfüllen, Schlüssel, Anzünder und in begrenzter Zahl auch Schweiß-und Lotdrähte, sorgen für Ordnung im Koffer. Nach getaner Arbeit sofort die Flaschenventile schließen, die Handstück-Ventile öffnen, um die Druckminderer und Schläuche zu entlasten und danach wieder schließen. Werkzeuge und Brennerspitzen gehören wieder in die dafür vorgesehenen Halterungen und der Koffer wird bis zum nächsten Einsatz an seinen Aufbewahrungsort deponiert. Beim nächsten Einsatz ist somit wieder alles zur Hand. Nur eines sollten wir immer im Auge behalten: Reichen die Gase noch für den nächsten Einsatz? Sauerstoff ist ja nicht an jeder Ecke zu bekommen. Aus diesem Grund habe ich mir eine zweite Sauerstoffflasche zugelegt, wird die Zweite angeschlossen hat man genügend Zeit die Erste zu füllen. Natürlich sind solche Flaschen nicht mit dem Prädikat „günstig oder billig" zu bekommen, aus Sicherheitsgründen dürfen da aber keine Kompromisse eingegangen werden. Es dürfen nur die für Sauerstoff zugelassenen Flaschen Verwendung finden. Hier sollten wir uns an einen autorisierten Gase-Händler wenden, vielleicht kann er mit einer Gebrauchtflasche aushelfen.

In der chronologischen Reihenfolge kommen nun die sogenannten Handstücke ins Gespräch. Die Handstücke sind im ganzen Prozess der Autogentechnik sehr wichtige Geräte. Nimmt man sie in die Hand, beginnt die menschliche Einflussnahme beim Lötprozess. Mit den Nadelventilen des Handstücks stellen wir die Gasflüsse so ein, dass eine saubere, gleichmäßige Flamme entsteht. Schnell merken wir die Reaktion am Flammenbild beim Verändern der Gas- oder Sauerstoffzufuhr. Mit etwas Brenngasüberschuss bildet sich eine sogenannte „weiche" Flamme, der Flammenkegel wir länger, die Flamme wird ruhiger. Bei Sauerstoffüberschuss sprechen wir von einer „harten" Flamme, der Flammenkegel wird kürzer, die Farbabgrenzung ist exakter und man hört den schnelleren Gasfluss. Weitere Tipps gibt es im Kapitel „Lötprozess". Hierbei kommt wieder unser Leitspruch zum Tragen: Löten ist Übungssache und muss praktisch erlernt werden. Aus der Theorie ist Löten nicht erlernbar, es müssen praktische Erfahrungen gesammelt werden. Mit dem Handstück haben wir ein technisch präzises, sensibles Gerät in der Hand, welches mit seinen Nadelventilen für eine exakte Einstellung der Flamme sorgt. Demzufolge sollte dieses Präzisionsgerät auch sorgsam und pfleglich behandelt werden. Die Nadelventile sind Präzisionselemente des Handstücks, wenn die Ventile geschlossen werden, darf das auf keinen Fall mit Gewalt gemacht werden. Wenn die Flamme erloschen ist, ist auch das Ventil zu, ein stärkeres Nachziehen würde die Nadelsitze beschädigen und damit wäre das Handstück zumindest reparaturbedürftig. Zur Einstellung der Flamme gehören neben dem Sauerstoffdruck – etwa 2 bis 2,5 bar – noch die unterschiedlichsten Brenner und Brennerspitzen. Zum Beispiel wird ein größerer Aufwärmbrenner, mit dem man einen Kupferkessel auf Löttemperatur bringen muss, etwas anders eingestellt als ein kleiner Punktbrenner für feine präzise Punkt-

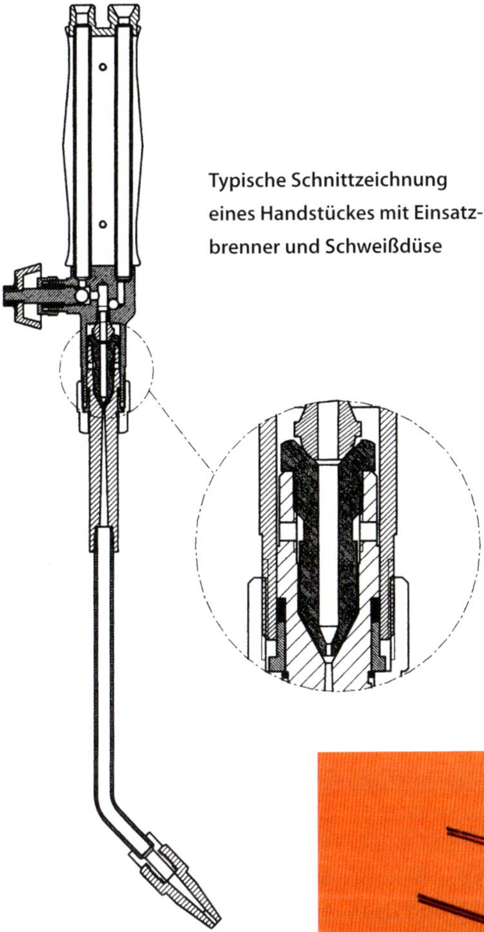

Typische Schnittzeichnung eines Handstückes mit Einsatzbrenner und Schweißdüse

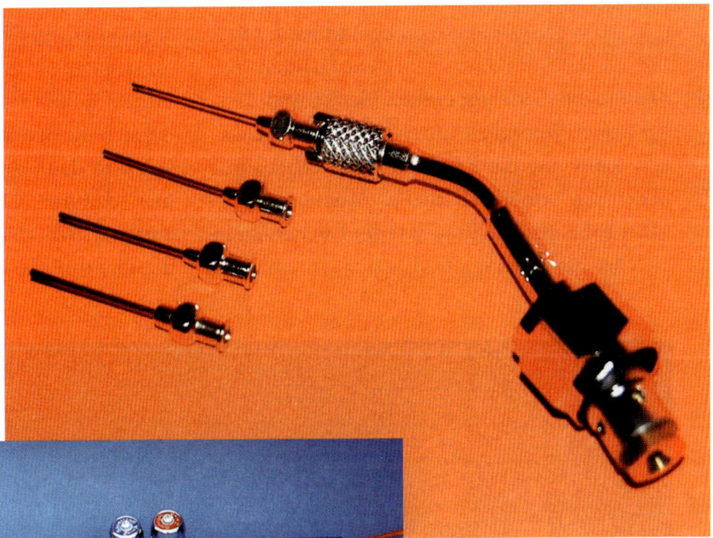

Das ist der Schnellwechseleinsatz für das Micro-Handstück mit vier Nadeldüseneinsätzen in den Größen: 0,8, 1,0, 1,2, 1,5 mm ▸

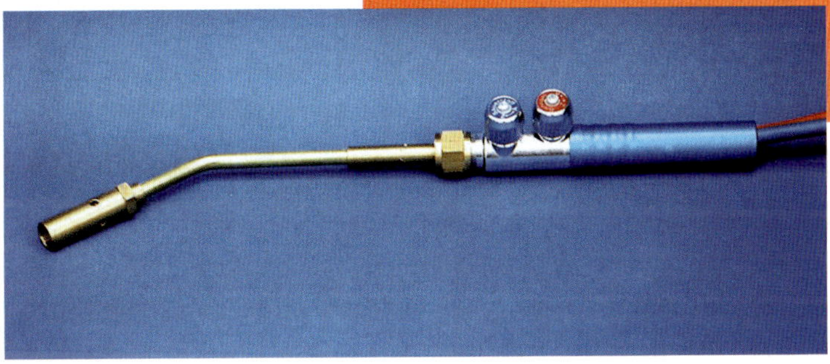

◂ Der Micromax-Handgriff mit einem Weichloteinsatz, man erkennt diesen Brenner an den typischen seitlichen Luftbohrungen

lötarbeiten an der Reling eines Schiffsmodells. So ist zum Beispiel der „Micromax"-Handgriff der Firma Greggersen mit seinem Schnellwechseleinsatz und zudem nochmals wechselnden Düseneinsätzen für feinste Schweiß- und Lötarbeiten geeignet. Während von der gleichen Firma ein Aufsatzbrenner zu bekommen ist, der wiederum für das Anwärmen mit dem Ergomax-Handstück für genügend Wärmezufuhr in das Lötobjekt sorgt. Für jede Arbeit, die unterschiedlichster Art sein kann, muss auch der geeignete Brenner mit Handstück zum Einsatz kommen. Will man sich eine Autogenanlage zulegen, muss man sich mit dieser Materie auseinandersetzen. Man muss wissen: Was will ich löten? Hierbei sollte man von einer maximalen Wärmezufuhr ausgehen, denn minimieren kann ich mit den Regelventilen immer, aber die Leistung erhöhen, wenn nicht mehr zur Verfügung steht, ist nicht möglich. Im Schweißbedarfs-Fachhandel bekommt man eine kompetente Beratung, die kostet erst einmal nichts, und ich weiß, was ich brauche und kann mich für ein Produkt einer Firma entscheiden. Ich möchte die hier vorgestellten Geräte und Artikel keiner Wertigkeit unterziehen, ich persönlich kann nur die Produkte ansprechen, mit denen ich erfolgreich meine Arbeiten ausgeführt habe. Andere Produkte sind sicherlich in gleicher Ausführung und Qualität zu erhalten, wichtig ist eigentlich nur die Handhabung der Geräte und eine Sicherheitskennzeichnung nach den entsprechenden Normen. Nicht umsonst ist in diesem Buch das Kapitel „Sicherheit" so ausführlich angesprochen worden. Die Gerätschaften der Autogentechnik sind bei Weitem nicht in die Kategorie „billig" einzustufen. Es sind durchweg alles Präzisionsgeräte, die ihren Preis rechtfertigen. Beim Kauf sollte man nicht unbedingt auf den Preis achten, die Qualität und auch das Ersatzteilangebot sind ein wichtiger Faktor. Mein Motto beim Werkzeugkauf im Allgemeinen lautet: Ich habe einfach zu wenig Geld, um mir billiges minderwertiges Werkzeug zu kaufen. Meistens ist es nämlich so, dass man besagtes Werkzeug zweimal kauft, welches Werkzeug dann letztendlich günstiger ist, sei zumindest überlegenswert.

Wenn wir uns nun so ein Handstück aus ergonomischer Sicht betrachten, soll es gut in der Hand liegen. Wenn die schweren Schläuche den Brenner hinten nach unten ziehen, kann er nicht gut in der Hand liegen, er soll in etwa „ausgependelt" zum Schweißen oder Löten ans Objekt geführt werden. Ich kenne Schweißer, die sich die Schläuche erst in die Armbeuge legen und dann den Brenner in die Hand nehmen, dadurch wird das Gewicht der Schläuche entlastet. Von den meisten Herstellern werden die Handstücke im Griffbereich an die Hand

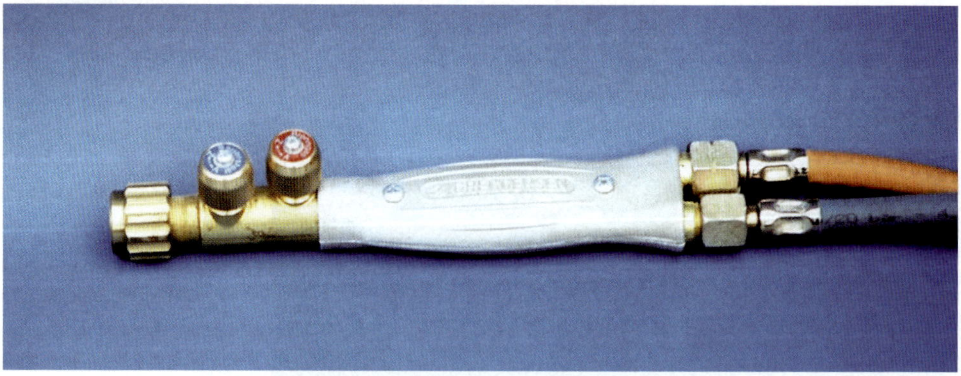

Der ergonomisch einwandfreie Handgriff „Ergomax" der Firma Greggersen

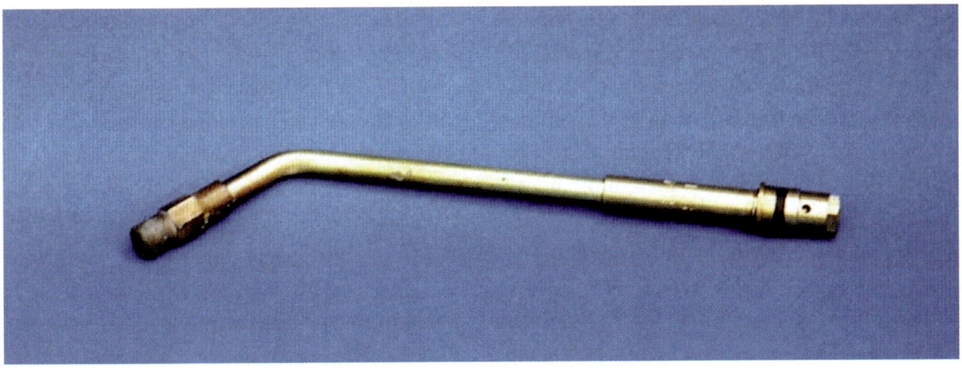

Der Mehrflammeinsatz mit kleinem Brausekopf, allerdings ohne Überwurfmutter, es ist der Universalbrenner

angepasst. Hier sieht man, dass beim Kauf solche Überlegungen einfließen können, wobei bei unserer Arbeit nicht von stundenlanger ermüdender Tätigkeit auszugehen ist. An die Handstücke können vorn auf das Überwurfgewinde Brenner mit auswechselbaren Brennerspitzen angeschraubt werden. Dies geschieht mit einer Überwurfmutter, die nur mit der Hand angezogen werden soll. Der Brenner wird auch als Schweißeinsatz bezeichnet und die Brennerspitze als Mundstück. Ein Schweißeinsatz besteht aus der sogenannten Mischkammer, dem folgenden Mischrohr und dem Mundstück.

Verschraubt werden die Einzelteile mit Dichtringen und besagter Überwurfmutter. In der Mischkammer werden die Gase, welche am Handstück eingestellt, sind, gemischt und fließen dann über das Mischrohr zum Mundstück. Hier sollten sie möglichst schnell gezündet werden, um die Umgebungsluft nicht mit unnötiger Gas-Sauerstoffkonzentration anzureichern. Irgendwo haben wir doch schon mal gelesen, dass ein Pullover mit Sauerstoff angereichert, zu starken Verbrennungen führen kann. Neben den eigentlichen Schweißeinsätzen bekommt man im Allgemeinen noch die sogenannten Anwärmeinsätze, Schneidbrenner, Fugenbrenner und Sonderbrenner, z.B. um Rohre gleichmäßig anzuwärmen. Außer den Anwärmbrennern möchte ich in diesem Buch alle anderen ausklammern, sie werden speziell im Modellbau nicht, und im Handwerk äußerst selten verwendet.

Die Anwärmbrenner sind im Prinzip gleich aufgebaut, wie die Schweißeinsätze, nur besitzen sie ein ganz anderes Mundstück. Diese Mundstücke werden auch als Brauseköpfe bezeichnet, sie besitzen, wie Brauseköpfe mehrere kleine Bohrungen. An jeder Bohrung bilden sich je nach Anzahl der Bohrungen kleine Flammkegel, sie erlauben eine effiziente und großflächige Erwärmung der Lötstelle. Ja, es ist sogar sehr gut möglich, mit diesen Anwärmbrennern zu löten. Ich habe es an Kupferkesseln im Modellbau selbst ausprobiert. Schweißen wird schlecht gehen, weil man zum Schweißen nur eine, möglichst spitze Flamme, mir sehr spitzem Flammenkegel verwendet, der immer entlang des Schweißdrahtes pendelnd geführt wird und diesen mit der Fugenoberfläche abschmelzt. Beim Löten erfolgt das Abschmelzen des Lotstabes mit der Wärmezufuhr und verteilt sich dann in den angewärmten Spalt, oder wird sozusagen durch die Kapillarwirkung in den Spalt gesogen. Ich habe es als großen Vorteil empfunden, nach der Anwärmung den Brenner nicht wechseln zu müssen, sondern den Lötvorgang sozusagen in einem Zuge durchführen zu können. Für Propan/Sauerstoff-Anlagen sind auf dem Markt sogenannte Weichlot-Brennereinsätze erhältlich. In der Handhabung sind sie identisch mit den normalen Schweißeinsätzen, sie passen an das jeweilige Handstück und haben nur ein anderes Mundstück. Man sieht es auch sofort an den äußeren Bohrungen im Brennerrohr, es handelt sich um einen Propan/Umluft-Brenner. Die Arbeitsweise ist nun die Gleiche wie mit den reinen Propan-Anlagen oder den Kartuschen-Brennern. Arbeiten wir nun mit einer Propan/Sauerstoff-Anlage, wird das Sauerstoff-Absperrventil komplett geschlossen. Diese Arbeitsweise gilt für Weichlotarbeiten bis ca. 400°C. Im Handwerk oft bei Trinkwasserinstallationen bis zu einem Rohrdurchmesser von 28 mm angewendet, sofern heute nicht die Quetschmethode angewendet wird. Für uns Modellbauer sind Flächenlötungen die prädestinierte Arbeitsmethode des Weichlötens. Das bedeutet, nicht die sogenannten Punktlötungen, wie Rohr- oder Wellenabzweigungen, Drahtverbindungen und beanspruchte Teile, sie sollten weiterhin hartgelötet werden, sondern hier bieten sich Tanks für Wasser/Treibstoff oder andere konstruktive Behälter an, ob sie nun einer realen Funktion oder nur der Optik dienen, ist eigentlich gleichgültig. Diese Behälter sollten keinem, oder nur ganz geringem, Druck ausgesetzt werden. Natürlich könnte man diese Arbeiten auch mit einem Lötkolben ausführen, bedenken sollte man aber die Schwierigkeiten mit dem Lötkolben in die Ecken von Behältern zu kommen, insbesondere wenn sich der Behälter allmählich schließt. Mit der weichen Flamme ist dabei eventuell viel besser zu arbeiten, hierbei wird aber sicherlich jeder erfahrene „Löter“ sein eigenes Prinzip bevorzugen und auch behaupten.

Die Kartuschen-Brenner behandeln wir noch in einem gesonderten Kapitel. Die Brennerspitzen oder Schweißeinsätze sind meistens in Acetylen- oder Propangas unterteilt. Im Prinzip sind beide Varianten mechanisch gleich aufgebaut, sie unterscheiden sich nur durch unterschiedliche Dichtelemente und den Durchmessern der inneren Bohrungen. Oft sind die Einsätze auch gestempelt und zum Beispiel mit einem „P“ versehen, dieser Brenner ist dann für

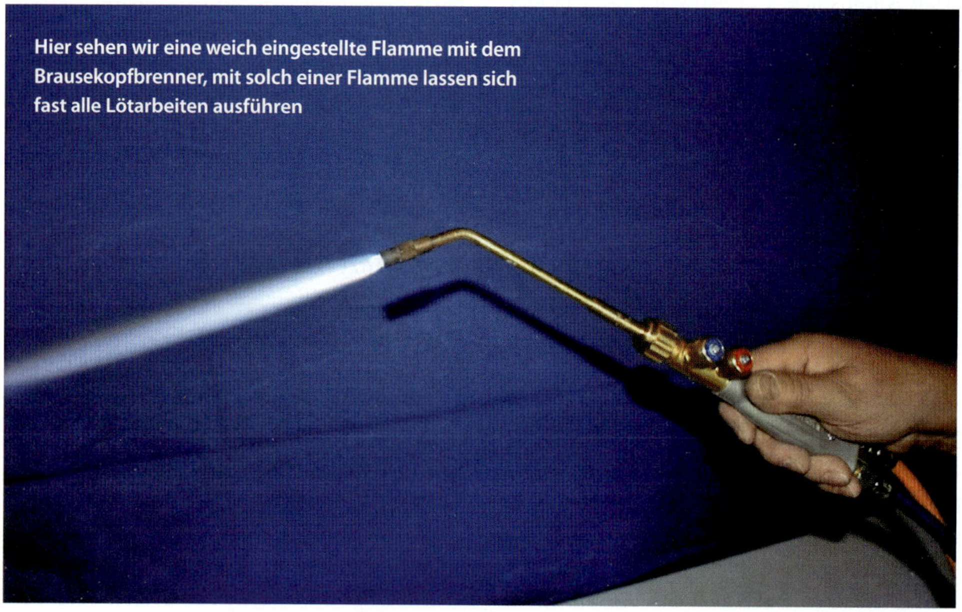

Hier sehen wir eine weich eingestellte Flamme mit dem Brausekopfbrenner, mit solch einer Flamme lassen sich fast alle Lötarbeiten ausführen

Propan geeignet. Die Brennergrößen sind nicht genormt, die Baugrößen sind unterschiedlich, die Mundstücke haben steigende Bohrungsgrößen, fast alle Hersteller haben die gleichen Größenangaben:

- von 0,2 bis 0,5 mm
- von 0,5 bis 1,0 mm
- von 1,0 bis 2,0 mm
- von 2,0 bis 4,0 mm
- von 4,0 bis 6,0 mm
- von 6,0 bis 9,0 mm
- von 9,0 bis 14,0 mm

Für die meisten Arbeiten im Handwerk und im Modellbau sind die ersten vier Brennergrößen als die Wichtigsten zu bezeichnen. Wollen wir uns nun solche Brenner kaufen, sollten wir unser verwendetes Brenngas angeben, dies wäre in den meisten Fällen Propan. Somit sollte der Buchstabe „P" angegeben werden. Sind die Brenner nicht gestempelt, sollte der Händler dieses ausdrücklich bestätigen. Installateure bevorzugen auch sogenannte Rohrschweißeinsätze, sie sind aus biegsamen Kupferrohren gefertigt. Sie bieten somit die Möglichkeit, auch an schwer zugänglichen Stellen, komfortabel und effizient zu arbeiten. Im Lieferzustand sind diese Elemente gerade, damit sie im Einsatz nach den persönlichen Bedürfnissen des Anwenders angepasst werden können.

Zum Abschluss dieses Kapitels könnte man noch ausgiebig über Spezialbrenner, wie Härtungsbrenner, Entspannungsbrenner oder Entrostungsbrenner sprechen, welches aber nicht sehr fruchtend für unsere Lötarbeiten sein dürfte. Nur über die Entrostungsbrenner möchte ich noch einige Worte verlieren. Diese Einsätze sind vielseitig einsetzbar für alle Flämm- und Entrostungsarbeiten. Zur Beseitigung von Zunder, Rost oder Beschichtungen an Stahlkonstruktionen oder Blechen. Als junger Mann hatte ich total artfremde Arbeiten mit so einem Entrostungsbrenner in einem Steinmetzbetrieb ausgeführt. Die Aufgabe bestand darin, größere Findlinge in unterschiedlichster Form mit einer verhältnismäßig geraden und glatten Vorderseite zu versehen. Wurde der Stein an einer bestimmten Stelle erwärmt, platzten schichtweise kleine Stücke aus dem sogenannten Urgestein ab und mit etwas Geschick konnte man so einen Stein formen. Sie wurden als Grabsteine verwendet, wobei der Steinmetzmeister auf der Vorderseite dann die Buchstaben und Zahlen anbringen konnte. Wenn diese letzten Zeilen auch nur als Nebensächlichkeit betrachtet werden sollen, so zeigen sie dennoch die vielseitigen Einsatzmöglichkeiten der Autogentechnik auf.

Flammlöten – Hinweise für Praktiker

Die Tipps für Praktiker sollen und können nur einen kleinen Abriss von theoretischen und praktischen Möglichkeiten und Fakten aufzeigen. Viele Modellbaufreunde haben eigene Methoden entwickelt, aber leider ihre Errungenschaften für sich behalten, ich kenne einige dieser Zeitgenossen, die dann auch noch kritisch über Geschriebenes herfallen. Ich finde es sehr schade, dass sie keine weiteren Modellbauer an ihre meistens lohnenswerten Arbeitsweisen und Techniken heranlassen. So bleiben auch mir nur die bekannten, allgemeinen Arbeitstechniken übrig, die zudem noch sehr breit gestreut sind. Ich hoffe dennoch, mit den Ausführungen einige wertvolle Hinweise geben zu können.

Das Verfahrensprinzip

Das Flammlöten ist ein Verfahren zum stoffschlüssigen Verbinden metallischer Werkstoffe. Die Verbindung wird mithilfe eines geschmolzenen Zusatzwerkstoffes erreicht, dem „Lot". Die Werkstücke werden auf Arbeitstemperatur erwärmt und nur das zu verbindende Lot wird geschmolzen. Beim Schweißen werden die zu verbindenden Werkstücke mit dem Schweißdraht oder der Elektrode verschmolzen. Darin besteht der Unterschied zwischen „Schweißen" und „Löten"! Beim Lötverfahren muss das zu verflüssigende Lot immer einen niedrigeren Schmelzpunkt als die zu verbindenden Grundwerkstoffe haben. Ein großer Vorteil des Lötens, gegenüber dem Schweißen ist, dass mehr oder weitgehend unähnliche Werkstoffe miteinander verbunden werden können, z.B. Stahl mit Messing oder Bronze, aber auch Kupfer mit Nirosta, ja sogar Hartmetallplatten können zum Drehmeißel auf den Schaft gelötet werden.

In der Löttechnik wird nach zwei Verfahren unterschieden. Je nach Arbeitstemperatur des verwendeten Lotes zwischen „Weichlöten" und „Hartlöten". Als Arbeitstemperatur wird die Temperatur bezeichnet, bei der das Lot vollkommen flüssig ist, sich gut mit dem Grundwerkstoff verbindet und sich gut ausbreitet. Bei Arbeitstemperaturen bis 450°C spricht man von „Weichlöten", über 450°C von „Hartlöten". Im Grenzbereich ist nur mit speziellen Loten zu arbeiten. Ich kenne z.B. kein Weichlot, welches bei annähernd 450°C verflüssigt wird. Wir möchten uns in erster Linie dem Hartlöten widmen, obwohl es Techniken gibt, bei der mit der Flamme auch weichgelötet wird. Hierbei wird eine strukturelle Anwärmung der Objekte mit der Flamme erzielt, die gegenüber einem Lötkolben von Vorteil ist.

Voraussetzungen zum Flammlöten

Der eigentliche Lötvorgang beruht darauf, dass die metallisch sauberen, oxidfreien Lötflächen der zu verbindenden Bauteile durch das aufgeschmolzene Lot benetzt werden können. Dazu müssen die Bauteile auf besagte Arbeitstemperatur angewärmt werden. Es wird eine Haftung und eine Art Legierungsbildung zwischen Grundwerkstoff und Lot herbeigeführt. Zur Beseitigung der Oberflächenoxide ist ein geeignetes Flussmittel unbedingt zu verwenden, welches vor dem Anwärmprozess auf die Lötflächen der zu verbindenden Teile aufzutragen ist. Zum Löten werden nun die Lötflächen der zu verbindenden Bauteile mit einem Wärmebrenner auf Arbeitstemperatur gebracht. Die Arbeitstemperatur wird im Wesentlichen von der Beschaffenheit und dem Schmelzpunkt des Lotes bestimmt. Ist die Arbeitstemperatur erreicht, kann das Lot mit der Flamme zugeführt und abgeschmolzen werden. Die Festigkeit der Lötverbindung hängt von der Ausbildung der Lötstelle, den Eigenschaften des Lotes und den Eigenschaften des Grundwerkstoffes ab.

Einige grundlegende Voraussetzungen sollen hier für eine gewisse Klarheit sorgen. Sie sind sozusagen die Basis für ein erfolgreiches Löten.

Der Lötspalt

Schon bei der Konstruktion und damit verbunden den Maßangaben in Konstruktionszeichnungen müssen Lötverbindungen gekennzeichnet sein. Es muss „**Platz**" für das Flussmittel und das Lot vorhanden sein, also sofort mit eingeplant werden. Beim Spaltlöten ist darauf zu achten, dass der Spalt, bzw. die Spaltbreite von 0,05 bis 0,2 mm vorhanden ist. Ist der Lötspalt zu eng (Presssitz), kann keine Kapillarwirkung entstehen, das Lot kann gar nicht in den Spalt fließen, bzw. wird nicht hineingesogen. Es kann kein kapillarer Fülldruck entstehen. Ist der Spalt zu groß, können maßhaltige Ungenauigkeiten oder auch Festigkeitsprobleme entstehen.

Reinigen der Lötflächen

Die Lötfläche muss vor dem Erwärmen frei von Rost, Zunder, Öl, Fett oder Farben sein. Eine dünne Oxidschicht (dunkles Kupfer oder Messing) wird bei Erreichen der Arbeitstemperatur durch das Flussmittel gelöst. Zur mechanischen Reinigung eignen sich Schmirgel, Stahlwolle, Feilen, Schaber und Kratzer. Ist die Reinigung der Lötstellen mit mechanischen Werkzeugen nicht, oder nur bedingt machbar, kann man auch auf chemischen Weg reinigen. Dazu wird in Wasser gelöste Zitronensäure oder stark verdünnte Essigsäure verwendet. Ein Mischungsverhältnis von 1:20 ist anzustreben, das heißt in einem praktischen Verhältnis gesehen, werden in 20 Liter Wasser 1 Liter oder Kilogramm Säure gelöst. Dazu darf niemals das Wasser in die Säure gegeben werden. Immer erst das Wasser in einen Behälter (Eimer) geben und erst danach die Säure dazu mischen. Wir merken uns bewusst: **Erst das Wasser, dann die Säure!** Schutzhandschuhe und Schutzbrille sind obligatorische Arbeitsmittel, die zu verwenden sind, auch sollten wir bei diesen Tätigkeiten möglichst im Freien arbeiten. Die Lötteile werden einfach in die Lösung gelegt und je nach Verschmutzungsgrad wird sich nach einiger Zeit und nach Konzentration der Mischung eine saubere, lötfähige Oberfläche gebildet haben. Die Lötflächen sollen möglichst nicht mehr mit den Fingern berührt werden.

Das Flussmittel

Die Art des verwendeten Flussmittels soll auf den zu lötenden Werkstoff und das verwendete Lot abgestimmt sein. Die Flussmittel werden nach ihrem Verwendungszweck und Eigenschaften eingeteilt. Sie sind nach DIN EN 1045 genormt. Flussmittel werden nur wirksam, wenn sie während der Verflüssigung des Lotes in ihrem Temperaturbereich bleiben. Diese Bereichsgrenzen nennt man untere und obere Wirktemperatur. Die untere Wirktemperatur muss mindestens 50°C unter der Arbeitstemperatur liegen. Flussmittel werden flüssig, pulverförmig oder pastös geliefert, außerdem sind Flussmittel-Lot-Mischungen, Lote mit Flussmittelumhüllungen und Lote mit Flussmittelseele im Handel erhältlich. Es gibt noch eine Variante, bei der das Flussmittel automatisch zugeführt wird. Es ist in Modellbaukreisen kaum bekannt, weil bei dieser Methode Zusatzgeräte erforderlich werden. Zur Vollständigkeit soll diese Methode dennoch angesprochen werden. Diese besondere Variante der Flussmittelzuführung beim Hartlöten wird mit der Bezeichnung „**Flux**“ ausgedrückt. Es wird gasförmig mit dem Acetylen zugeführt. Das Acetylen strömt dazu durch ein Flussmittelzugabegerät, in dem es sich mit Flux anreichert. In der Acetylen-Sauerstoff-Flamme wandelt sich das Flux mit leuchtend grünem Flammenbild zu Borsäure um, die dann im Niederschlag auf die Lötstelle auftrifft und als Flussmittel wirkt. Das Ergebnis sind sehr saubere, zunder- und oxidfreie Oberflächen. Es wird beim Fugenlöten ganz ohne zusätzliches Flussmittel und beim Spaltlöten mit geringerer Menge an zusätzlichem Flussmittel eingesetzt. Eine Nachbearbeitung, insbesondere bei Kupfer/Messing-Verbindungen, kann meistens entfallen.

Auftragen des Flussmittels

Das Flussmittel muss unbedingt vor Lötbeginn aufgetragen werden und gleichmäßig auf der gesamten Lötfläche verteilt sein. Beim Flammlöten von Hand wird das Flussmittel in der Regel mit dem Pinsel aufgetragen. Ein automatisiertes Flammlöten erfordert oftmals das automatische Dosieren und Auftragen von Flussmitteln. Das Fluxlöten wird bei automatischen Lötprozessen mit Erfolg eingesetzt.

Befestigung der zu lötenden Teile

Um eine sichere, maßhaltige Lötverbindung zu garantieren, muss man sicherstellen, dass die Bauteile während des Lötprozesses fixiert sind. Besondere Gefahr besteht im Schmelzen des Flussmittels, es verflüssigt sich und bildet eine „Rutschbahn“, auf der dann die Werkstücke wandern. Das muss wirkungsvoll verhindert werden. Verschiebt sich ein Teil, auch nur um wenige Zehntelmillimeter, was man unter Umständen nicht mal sofort merkt, wird das Endprodukt meistens in der Schrottkiste sein künftiges Dasein fristen. Man sollte diese Tatsachen schon bei der Konstruktion berücksichtigen. Zur Fixierung und Positionierung der zu lötenden Einzelteile sind oft Lötvorrichtungen vorteilhaft, die dann eine Maßhaltigkeit gewährleisten. (Siehe auch Kapitel „Vorrichtungen und Hilfsmittel“).

Lote

Das verwendete Lot muss auf die jeweilige Lötaufgabe abgestimmt sein. Zum Hartlöten von Schwer-und Buntmetallen kommen im Wesentlichen Kupferbasislote und silberhaltige Lote nach DIN EN 1044 zum Einsatz. Zinkhaltige Metalle, oder auch verzinkte Teile werden kostengünstig mit hochschmelzenden Kupferbasisloten im Fugenlötverfahren gelötet. Zum Löten von Kupfer an Kupfer erhält man phosphorhaltige Lote, die ohne Zusatz von Flussmittel verarbeitet werden können.

Verfahrensvarianten

Spaltlöten

Beim Spaltlöten werden die Werkstücke so vorbereitet, dass zwischen den zu lötenden Bauteilen ein Spalt entsteht, der sogenannte Kapillarspalt. Der Spalt wird nach Erreichen der Arbeitstemperatur hauptsächlich durch den kapillaren Fülldruck des Lotes gefüllt. Dabei kann das Lot sogar nach oben „gesogen“ werden. Diese Verfahrensweise wird sowohl beim Handlöten als auch beim automatischen Löten angewendet.

Fugenlöten

Das Fugenlöten ist mit dem Gasschmelzschweißen verwandt, weil die Fuge, ähnlich dem Schweißen vorbereitet wird. Die Lötfuge wird, ohne den Grundwerkstoff anzuschmelzen mit Lot gefüllt. Dabei ist unbedingt zu vermeiden, dass die Arbeitstemperatur überschritten wird.

Dieses Verfahren wird hauptsächlich beim manuellen Löten eingesetzt, z.B. dem Löten verzinkter Stahlrohre. Das Hartlöten mit Flux in der Flamme kommt deshalb vorteilhaft zur Anwendung, weil eine Nacharbeit verringert wird, ja oftmals sogar ganz entfällt.

Der Lötvorgang

Erwärmung auf Arbeitstemperatur

Beim Flammlöten wird für den Lötvorgang die notwendige Wärme durch eine Brenngas-Sauerstoffflamme oder eine Brenngas-Luftflamme zugeführt. Dazu werden Schweiß- oder Anwärmbrenner verwendet, sie sind nach DIN EN ISO 5172 genormt. Die Leistung des Brenners muss dem Wärmebedarf der zu lötenden Bauteile und deren Materialbeschaffenheit angepasst sein. Einfach ausgedrückt bedeutet dies: Große, voluminöse Werkstücke bedürfen mehr Wärmemenge, um auf Arbeitstemperatur zu kommen als kleine, dünne Materialien – es muss ein größerer Brenner gewählt werden. Das Gleiche gilt für die Materialbeschaffenheit, Kupfermaterialien haben eine ausgezeichnete Wärmeleitfähigkeit, wenn dazu noch großflächige Platten oder Rohre gelötet werden sollen (Dampfkessel), muss ebenfalls ein großer Brenner gewählt werden, da die Wärme sehr schnell von der eigentlichen Lötstelle weggeleitet wird. Die Wärmezufuhr muss so bemessen sein, dass der Lötvorgang nicht länger als drei Minuten dauert. Mit zunehmender Dauer, beim Einsatz der Flamme wird das Flussmittel mit Oxiden gesättigt und es verliert seine Wirkung. Die Flamme darf nicht direkt in das Flussmittel gerichtet werden, da dies zur Flussmittelschädigung führt und das Flussmittel durch den Flammendruck zum Teil weggeblasen werden kann. Beim Anwärmen auf Löttemperatur ist darauf zu achten, dass der zu lötende Bereich gleichmäßig, flächig oder rundherum angewärmt wird. Bei unterschiedlichen Werkstückgrößen oder -dicken wird zuerst das Bauteil mit der größeren Masse erwärmt und erst danach die kleineren Teile. Könner werden hierbei die Flamme so richten, dass sich die kleinere Masse immer noch im Flammenstrom befindet und somit im zwar geringeren Temperaturbereich der Flamme ist, aber damit gleichzeitig mit angewärmt wird. Bei Werkstoffen, die eine unterschiedliche Wärmeleitfähigkeit besitzen wird zuerst das Bauteil mit der höheren Leitfähigkeit bzw. das Bauteil, welches mehr Wärme ableitet, erwärmt.

Zuführen des Lotes

Die Arbeitstechnik unterscheidet zwischen angesetztem und eingelegtem Lot, wobei die Praktiken mit angesetztem Lot bei Weitem überwiegen. Beim Löten mit angesetztem Lot wird das Lot an dem auf Arbeitstemperatur erwärmten Werkstück abgeschmolzen.

Die Löttemperatur und damit die Arbeitstemperatur kann sehr gut beobachtet werden und ist dann erreicht, wenn das Flussmittel schmilzt und glasig wird.

Zur Vermeidung von Oxidation sollte der Lötstab durch das Flussmittel geschützt sein. Dies ist vor und während des Lötprozesses ratsam. Verwenden wir keinen flussmittelumhüllten Lötstab, sollte der blanke Stab immer wieder in den Behälter mit dem Flussmittel getaucht werden. Das Abschmelzen des Lotes direkt mit der Flamme ist zu vermeiden, weil sich dadurch das Lot vor Erreichen der Werkstücklöttemperatur verflüssigt und kugelförmig zusammenzieht.

Beim Löten mit eingelegtem Lot wird das Lot durch Kapillarwirkung in den Lötspalt gesogen. Das Lot fließt von innen nach außen. Das vorher eingepinselte Flussmittel kann nach oben entweichen. Diese Art der Lötung bietet die Möglichkeit, die Ausfüllung des Lötspaltes zu kontrollieren, indem sich oben Lot befinden muss, und zwar auf der ganzen Lötnaht. Für eine einwandfreie Lötverbindung ist ein relativ enger Lötspalt notwendig (0,05 bis 0,1 mm), um eine ausreichende Kapillarwirkung zu erreichen. Zu enge Spalten sind aber auch nicht vorteilhaft und zu vermeiden, weil in diesen keine ausreichende Mengen Flussmittel Platz finden.

Löten von Kupferrohren (Modelldampfkessel)

Kupferrohre werden wegen ihrer besonderen Eigenschaften seit Langem mit großem Erfolg in der Kälte- und Klimatechnik, im Klein- und Großapparatebau, bei Sanitär- und Heizungsinstallationen sowie in der Gas- und Flüssiggasinstallation eingesetzt. Für die Kupferrohrinstallation wurden deshalb besondere Kapillarlötfittings, Hartlote und eigene Verarbeitungs- und Löttechniken entwickelt. Kupfer-Kupfer-Verbindungen können mit Loten, die selbstfließende Eigenschaften besitzen, bestens gelötet werden. Das sind die schon erwähnten phosphorhaltigen Lote, bei denen der dazu legierte Phosphor eine Flussmittelwirkung besitzt und deswegen kein zusätzliches Flussmittel benötigt wird. Für Verbindungen in der Gas- und Wasserinstallation sind besondere Richtlinien zu beachten. Auch für Trinkwasserinstallationen gelten besondere Bestimmungen, so dürfen z.B. nur Kupferrohrleitungen, die größer als 28×1,5 mm sind hartgelötet werden und Lote, deren Legierung Cadmium enthält, sind grundsätzlich verboten. Heute werden viele Installationen im sogenannten Quetschverfahren ausgeführt. Die Verbindungselemente, wie Winkel, T-Stücke oder Bögen enthalten einen O-Ring als Dichtelement. Das Kupferrohr wird in die Muffe gesteckt und mit einer speziellen Hydraulikzange wird eine mechanische Quetschverbindung hergestellt.

Zu Beginn dieses Kapitels haben wir gelernt, dass Hartlöten oberhalb von 450°C anzusiedeln ist. In der Praxis beträgt die Arbeitstemperatur mehr als 600°C. Zum Schweißen lässt sich das Hartlöten folgendermaßen abgrenzen:
Die Schmelztemperatur des Lotes ist niedriger als die des Grundwerkstoffes.

Bei Löttemperatur benetzt das flüssige Lot nur den Grundwerkstoff, der Grundwerkstoff wird nicht geschmolzen.

In untenstehender Tabelle kann man noch einige wichtige Unterschiede zwischen dem Löten und dem Schweißen ersehen.

Brenner zum Flammlöten

Für die Wärmezuführung zum Flammlöten eignen sich sowohl handelsübliche Schweißbrenner als auch Mehrflammen-Anwärmbrenner. Die Einstelldrücke und damit verbunden auch die Gasverbräuche sind in der für den jeweiligen Brennertyp gültigen Betriebsanleitung enthalten. Oftmals sind die Drücke, wenigstens zum Teil, auf den Brennern gekennzeichnet. In Form und Leistung angepasste Sonderbrenner, die meistens immer die gleichen Teile löten, sind oft auch zum automatischen Löten geeignet. Eine besonders weiche Flamme zur werkstückschonenden Erwärmung erzielt man mit der Acetylen-Druckluft-Flamme. Eine technische Beschreibung der Brenner erfolgt später.

Merkmale	Gasschweißen	Hartlöten (Flammlötung)
Grundwerkstoff	artgleiche Metalle	Metallkombinationen
Ausbildung eines Spaltes	grobe Zurichtung	genaue Zurichtung
Temperatur	hohe Schmelztemperatur	niedrige Arbeitstemperatur
Füllen der Fügestelle	mithilfe der Schwerkraft	mithilfe des kapillaren Fülldrucks
Nahtaussehen	raupenartig	glatt
Erwärmungsart	punktförmig	gleichmäßig über den Lötbereich
Grundprinzip	Schmelzen der Werkstoffe	Benetzen ohne Anzuschmelzen
Flammentyp	scharfe, harte Flamme	weiche, breite Flamme
Brennerbewegung	pendelnd fortschreitend	flächend, weitflächig

Kurzinfo und Zusammenfassung

Für eine einwandfreie Lötverbindung sind folgende Voraussetzungen einzuhalten und zu erfüllen.

1. Lötgerechte Konstruktion
2. Korrekter Lötspalt oder Lötfuge
3. Entfernung von Verunreinigungen und Oxyden an der Lötstelle
4. Sicherung der Teile gegen Verschiebung, Einsatz von Vorrichtungen und Hilfsmitteln
5. Auftragen, Dosieren des Flussmittels
6. Erwärmung auf Arbeitstemperatur
7. Zuführen eines Lotstabes und Schmelze
8. Schonende Abkühlung
9. Entfernung der Flussmittelrückstände
10. Reinigung und Prüfung der Lötstelle

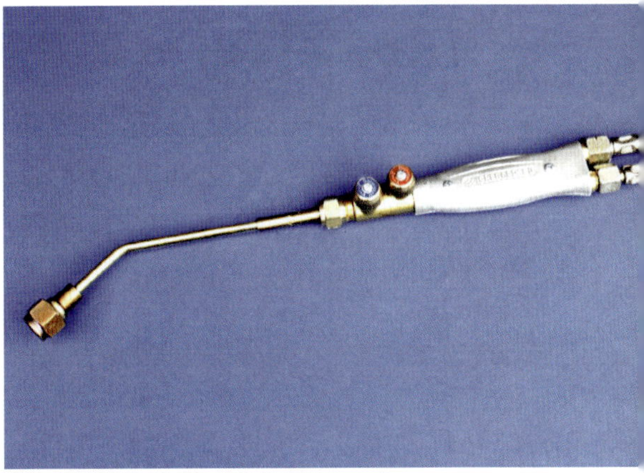

▲

Der große Brausekopfeinsatz für Acetylen/Sauerstoff Brenngase mit "Ergomax"-Handgriff der Fa. Greggersen

▼

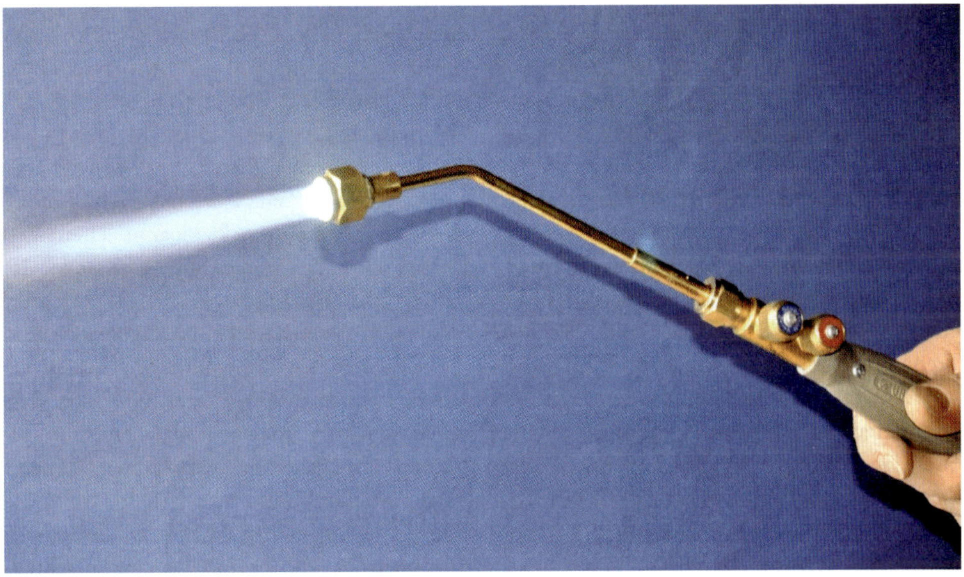

Hilfsmittel – die kleinen Helferlein

Hartlöten ist eine Arbeitsmethode, die Zusatzwerkzeuge, Einrichtungen und Hilfsmittel zur Fixierung der zu lötenden Teile verlangt. Es ist schier unmöglich, auch nur zwei Einzelteile, passgenau ohne Haltevorrichtung, also quasi in der Luft, zu löten. Auch wenn es nur zwei Teile sind, sie müssen „festgehalten“ werden. Allein das Anwärmen kann ein Verschieben oder Verrutschen der Teile bewirken, zumal sich Flussmittel in den Spalten und Fugen ausdehnt. Je nach Konstruktion kann ein Teil auf dem Flussmittelfilm, beim Erreichen der Löttemperatur, regelrecht schwimmen, das heißt, es bleibt niemals auf seine angestammte Position. Das Handling zum Hartlöten verlangt nun einmal beide Hände, die eine Hand führt den Brenner, die andere den Lötstab. Selbst wenn wir mit zwei Personen löten wollten, einer lötet, während der Andere die Teile mit der Hand oder Zange fixiert, es wird nicht gelingen. Aus dieser Perspektive rührt sicherlich die Bezeichnung „Dritte Hand“ für eine simple Vorrichtung zum Fixieren von Bauteilen, für mich eine etwas dumme Bezeichnung.

Diese Tatsachen und Gegebenheiten sollen uns anregen nicht nur Hilfswerkzeuge anzuwenden, sondern sogar gewisse Vorrichtungen und Spannelemente selbst herzustellen. Mit der Zeit werden sich einige Hilfszeuge ansammeln, die nach Erledigung einer Arbeit nicht einfach entsorgt werden, denn gewisse Praktiken werden sich öfters wiederholen. Eine gute Voraussetzung bietet der Schraubstock auf der Werkbank. Nicht alle zu lötenden Teile, aber doch einige, können im Schraubstock eingespannt werden. Der Schraubstock weist hinter den Spannbacken meist eine gerade Fläche auf, den sogenannten Amboss. Diese Fläche bietet sich ideal zur magnetischen Aufstellung weiterer Hilfsmittel, ebenfalls zur Befestigung der zu lötenden Teile an. Über diese Hilfsmittel wird noch konkret gesprochen. Diese Methode birgt aber auch gewisse Risiken. Werden die Teile großflächig in den Schraubstock gespannt, leiten sie so viel Wärme in diesen, dass unter Umständen das Objekt nicht auf Löttemperatur gebracht werden kann. Dann hat so ein Schraubstock eher das Gegenteil bewirkt, wofür er eigentlich vorgesehen wurde. Es muss erreicht werden, dass mit möglichst kleinen Spannflächen keine größeren Wärmeableitungen stattfinden können.

Ich habe mir spezielle Winkelprofile aus Aluminium angefertigt, die mit Madenschrauben versehen sind. Es sind sogenannte Schutzbacken, die man auch im Werkzeughandel kaufen kann. Als Madenschrauben, sie heißen ja Gewindestifte mit Innensechskant, verwenden wir jene nach DIN 914. Diese haben eine 90°-Spitze. Nur mit dieser Spitze werden die Teile dann geklemmt, die Spitzen haben durch die geringen Spannflächen auch eine ganz geringe Wärmeableitung. Wichtigste Grundvoraus-

Schraubstock-Schutzbacken mit eingearbeiteten Gewindelöchern, vorn sind jeweils drei spitze Madenschrauben eingedreht

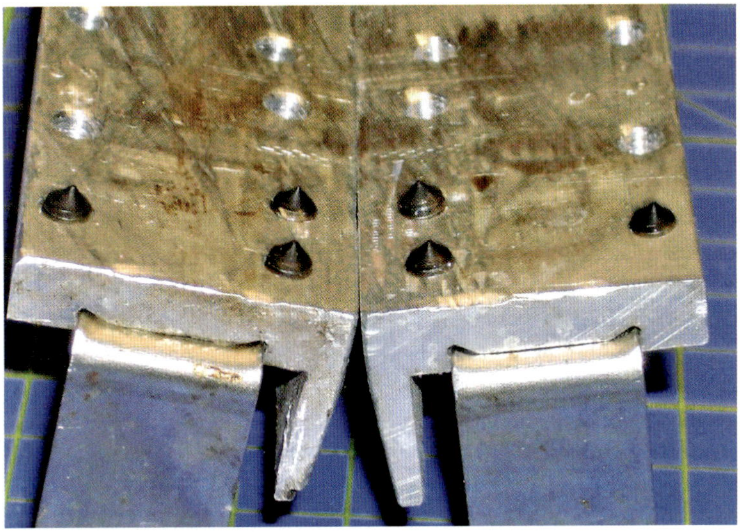

Die Schutzbacken im Schraubstock, eingespannt ist ein MS-Winkelblech, deutlich sind die vier spitzen Schrauben zu sehen. Die Schraubspitzen bilden einen sehr geringen thermischen Übergang

setzung ist eine feuerfeste Unterlage. Kaum einer unserer Modellbaufreunde wird über einen Schweißtisch verfügen. In der Industrie und im Handwerk sind solche Schweißtische die Regel, manche verfügen über eine Absaugung, diese saugen die Schweißgase direkt am Entstehungsherd ab und leiten sie meistens über das Dach ab. Bei größeren Schweißarbeiten werden die Gase gefiltert, bevor sie in die Atmosphäre geleitet werden. Das sind aber nicht die Gegebenheiten, die wir Hobbylöter anstreben, dennoch wollen wir einen sicheren Arbeitsplatz. Im Kapitel Arbeitsplatz werden noch einige Vorschläge aufgeführt, um gefahrlos arbeiten zu können. Im Grunde genügt ein stabiler Tisch, auf den wir eine feuerfeste Unterlage legen. Für eine großflächige Unterlage, hier sprechen wir von etwa 40×50 cm, bieten sich die sogenannten Brandschutzplatten an. Solche Platten finden im Baugewerbe Verwendung. Hauptsächlich bei

Betrieben, die Industriebauten und feuergefährdete Bereiche aufbauen und installieren. Zum Beispiel Lagerräume, die feuergefährliche Stoffe lagern, Brandschutztüren sind mit solchen Platten ausgerüstet, aber auch Räume, die von außen vor Brandherden geschützt werden müssen. Die Anwendungsgebiete sind sehr vielschichtig, sie reichen von Hoch- und Industriebau, Verkleidungen von Stahlkonstruktionen, Feuerschutzabschlüssen, Fassaden und Wandkonstruktionen bis hin zu Kabelkanalauskleidungen und Brandschutzklappen. Brandschutzplatten bietet zum Beispiel die Firma **Promat** an, die auch unter demselben Namen ihre Produkte anpreist. Die Platten bestehen im Wesentlichen aus Silikaten, die nicht brennbar sind. Es ist verständlich das die Zusammensetzung der einzelnen Bestandteile nicht genannt werden. Für uns ist das auch total irrelevant, Hauptsache wir wissen, diese Materialien sind nicht brennbar. Es gibt sie in Stärken von 10 bis 50 mm, wobei die Standardabmessungen in Länge mal Breite 1.250×2.500 mm betragen. Natürlich ist so eine große Platte für uns nicht verwendbar. Dennoch sollten wir im Baufachhandel nachfragen, vielleicht gibt es ja ein Reststück oder man weiß dort eventuell, wo und von welcher Firma solche Platten verarbeitet werden. Die Verarbeitung der Platten ist denkbar einfach, sie können mit einer Kreissäge – ausgerüstet mit einem hartmetallbestückten Sägeblatt – exakt abgelängt werden. Bohren und Fräsen sind ebenfalls kein Problem. Verschrauben kann man sie ebenfalls, und zwar mit normalen Spax-Schrauben, die normalerweise zum Befestigen von Spanplatten dienen. Die Haltbarkeit von Schrauben innerhalb der Platte ist allerdings etwas kritisch. Aufgrund der faserigen Beschaf-

Der große Winkel aus Promat-Wärmeschutzplatten, hier im Lötprozess an einem Innenrohrbündel für einen Modelldampfkessel

fenheit kann es leicht zu einem „Überdrehen“ kommen. Die Fasern werden im Gefüge zerstört und die Schraube kann im Gewinde nicht mehr halten. Dabei können aber Klebstoffe oder eingeklebte Dübel helfen. Obwohl kein Asbest vorhanden ist, sind generell alle Stäube, die eingeatmet werden, gesundheitsschädlich und man sollte niemals ohne Staubschutzmaske arbeiten.

Solch eine Promat-Platte sollte man generell als Unterlage auf den Arbeitstisch legen, aber eine direkte Fixierung der zu lötenden Teile auf dieser Platte ist nicht empfehlenswert. Kommt die Flammenspitze mit der faserigen Oberfläche in Berührung, wird die Struktur der Fasern zerstört und bricht dann aus der Platte heraus. Nach einiger Zeit ist sie dann unbrauchbar. Ich habe mir aus zwei dieser Platten einen Winkel angefertigt. Die Plattenmaße können variabel sein, je nachdem, wie groß unser Projekt ausfällt. Mein Winkel hat eine Schenkelbreite von 200 mm und eine Länge von 350 mm. Legt man diesen Winkel in einen weit geöffneten Schraubstock, hat man ein sogenanntes Prisma. In diesem lassen sich wunderbar runde Materialien, wie z.B. Rohre zum Dampfkesselbau platzieren und so drehen und wenden, dass immer im oberen Bereich gelötet wird. Das ist schon sehr wichtig, denn das flüssige Lot unterliegt selbstverständlich der Erdanziehungskraft und will nach unten laufen. Stellt man so einen Winkel senkrecht auf eine feuerfeste Unterlage, dient er als sogenannte „Einhausung“ und die Flammenwärme wir eingegrenzt. Das ist insofern wichtig, wenn wir draußen löten. Wind kann enormen Einfluss während des Lötens ausüben.

Klassische Unterlagen in der Technik des Hartlötens bilden Schamottsteine oder Schamottplatten. Kaminbauer und Ofensetzer verwenden diese Steine, wir bekommen sie in den unterschiedlichsten Abmessungen im einschlägigen Baustoff-Bedarfshandel, zumindest können sie dort besorgt werden. Ich habe die Platten in den Abmessungen 25×12,5×3 cm bekom-

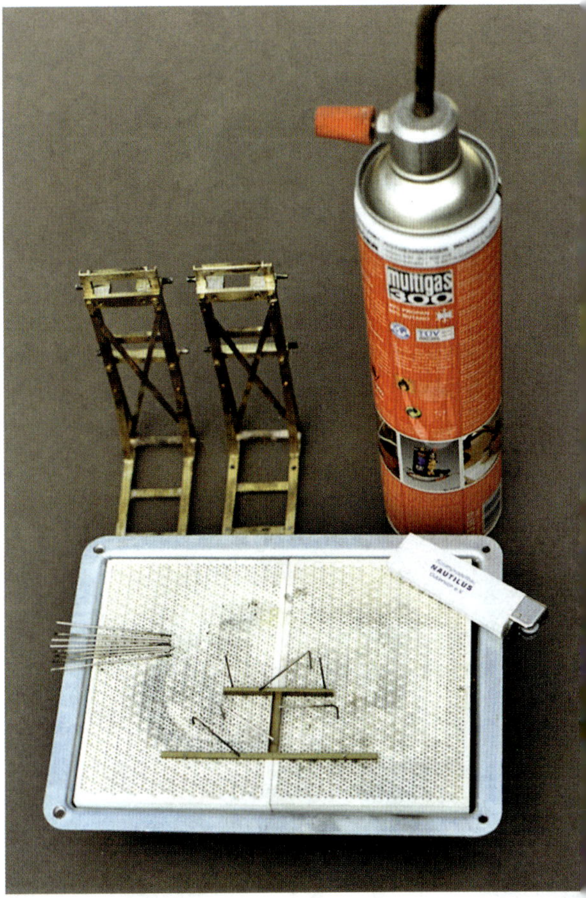

Die Keramikplatte aus einem Heizstrahler mit Messingprofilen, Gaskartusche, Feuerzeug und zwei fertig gelöteten Modellteilen aus MS-Profilen

men. Es sind die idealen Maße, um z.B. eine Unterlage aus mehreren Platten herzurichten. Auch eine Einhausung kann mit diesen Steinen gebaut werden, um in dieser einen Kupferkessel zu löten. Die Wärme bleibt in der Einhausung länger vor Ort und verflüchtigt sich nicht so leicht in die Atmosphäre. Auch ist die Anwärmzeit viel geringer, welches sich im Gasverbrauch und damit auch in der Geldbörse niederschlägt. Ich arbeite nun schon einige Jahre mit solchen Steinen, wenn man sie nicht einfach auf den Boden fallen lässt, sind sie eigentlich unzerstörbar.

Von Zeit zu Zeit sollten sie aber von Flussmittelresten befreit werden, damit man wieder eine einigermaßen glatte Fläche hat. Ich mache das immer mit dem Einhandwinkelschleifer und grober Schmirgelscheibe. Dies sind bislang aber nur einige Aspekte um seinen Arbeitsplatz einzurichten, viele andere Zusatzwerkzeuge bewirken erst einen rationellen Löteinsatz.

Gute Auflagen können auch aus Keramikplatten bestehen. Wo finden wir nun solche Platten? Ich möchte hier zwei Möglichkeiten aufzeigen, die für viele Modellbaufreunde als ideale Zusatzwerkzeuge gelten können. Ich habe mir beide Varianten geschaffen und sie schon etliche Jahre im Einsatz – missen möchte ich sie nicht mehr.

Die Keramikplatte während des praktischen Einsatzes im Schraubstock mit einer Schwanenhals-Halterung

Wir alle kennen die Propangas-Heizstrahler. Markthändler und Bauhandwerker nutzen sie, besonders im Winter zum Aufwärmen ihres Arbeitsplatzes. Unabdingbar gehören sie zudem zur Campingausrüstung. Allerdings habe ich solche Strahler immer nur als Kompaktgeräte mit allen Peripherieausrüstungen ausgestattet, mit Wärmefühler, Druckminderer und Schläuche, in den meisten Kaufhäusern und Baumärkten gefunden. Eine einzelne Heizplatte war nicht zu bekommen. Gerade um diese Heizplatte geht es, nur diese wird gebraucht. Meist ist um die Heizplatte ein Schutzgitter angebracht, damit man nicht in die Flammen fassen kann. Berührt man aber das Schutzgitter, sind die Finger auch verbrannt. Alle Strahler besitzen einen Wärmefühler mit Absperrventil. Er ist gesetzlich vorgeschrieben, damit beim Erlöschen der Flamme, aus welchem Grund auch immer, der Gasfluss automatisch abgesperrt wird. Wie das funktioniert, soll uns hier nicht interessieren, denn das Teil brauchen wir nicht, es wandert in die Restekiste. Ebenso der Druckminderer und der Gasschlauch, wir benötigen halt nur die Keramikplatte.

Der Blechrahmen muss erhalten bleiben, die Platten sind mit wärmebeständigem Klebstoff in die Blechwanne eingeklebt. Wollten wir diese Verklebung lösen, wäre eine Zerstörung der recht weichen Keramik die Folge. Haben wir nun den Heizstrahler entkernt, können wir auf dessen Blechrand einige Löcher bohren, in denen dann die unterschiedlichsten Halterungen und Klemmen befestigt werden können. Betrachten wir uns nun die Keramikplatte einmal etwas genauer. Die Oberfläche ist nicht glatt, aber mit Tausenden von kleinen Löchern ausgebildet und weist Höhen und Tiefen auf. Bezeichnen wir das einmal als „Berge und Täler", sie bilden eine schön gleichmäßig strukturierte Oberfläche. In jedem Tal befindet sich ein Loch

Detailansicht: Berg- und Talstruktur der Keramikplatte mit geklemmten Profilteilen, die noch gelötet werden müssen

und rundherum sind wieder sechs Löcher auf den „Bergkämmen". Das Ganze sieht aus wie eine Bienenwabe. Die Berg- und Talstruktur gewährleistet eine punktuelle Auflage der zu lötenden Teile und damit einen geringen thermischen Widerstand. In die Löcher lassen sich Stifte einstecken, sie dienen gewissen Teilen als Anschlag.

Müssen wir nun mehrere Teile löten, die alle gleich sein sollen, besitzt man mit diesen Stiften eine erstaunliche Wiederholgenauigkeit. Als Stifte dienen Stahldrähte, sie sind in unterschiedlichen Stärken zu bekommen, für uns ist 1,0 mm der richtige Durchmesser. Sie können mit dem Seitenschneider auf gewünschte Längen abgekniffen werden. Etwas länger gelassen und etwas über 90° mit der Zange abgewinkelt, lassen sie sich ausgezeichnet als „Festsetzer" verwenden. Natürlich sind diese dünnen Drähte der Flamme ausgesetzt und glühen auch schon mal aus. Gehen wir nun einmal von einer Preisgestaltung von ein paar Cent für so einen Draht aus, so bilden sich äußerst günstige Hilfsmittel, die nach erfolgreicher Lötarbeit durchaus entsorgt werden könnten, aber nicht unbedingt müssen. Ich habe einige diese „Haken und Bügel" schon jahrelang im Einsatz. Im Laufe der Zeit leidet eine Keramikplatte unweigerlich, es zeigen sich Gebrauchsspuren, einige Löcher sind mit Flussmittel regelrecht verstopft und das bekommt man aus den Löchern auch nicht mehr raus, die Oberflächenstruktur der „Berge" sind auch nicht mehr auf gleicher Höhe, als ob die Erosion zugeschlagen hätte und somit steht bald eine Investition einer neuen Keramikplatte an. Es ist und bleibt ein Gebrauchs- und somit Verbrauchsartikel.

Die zweite Möglichkeit, sich eine ähnliche Löthilfe zu schaffen, besteht im Erwerb einer einzelnen Keramikplatte. Warum nun eine ähnliche zweite Variante. Erstens sind sehr viele Lötarbeiten einer gleichen Arbeitsweise un-

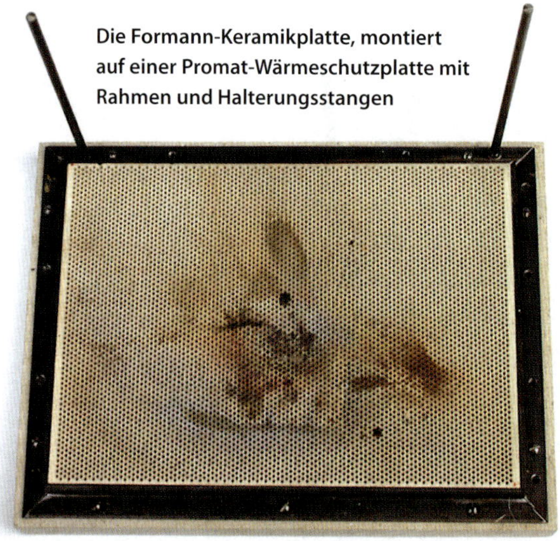

Die Formann-Keramikplatte, montiert auf einer Promat-Wärmeschutzplatte mit Rahmen und Halterungsstangen

die notwendigen Einrichtungen und Zusatzwerkzeuge anzufertigen. Die Bezugsquelle dieser Keramikplatte ist die Fohrmann-Werkzeuge GmbH aus Görlitz (www.fohrmann.com). Auch für diese Platte bietet die Firma Anschlagstifte und Klemmhaken an. Rund um das Hartlöten finden wir einige Artikel im Fohrmann-Katalog, die man sonst oft verzweifelt sucht, z.B. bekommt man eine Kühlpaste die ableitende Wärme in gefährdete Umgebung, verhindert. Etwa lackierte Flächen oder Kunststoffteile am Schiffsmodell im Bereich der Reling, Masten oder im Flugmodellbau mal eben ein gebrochenes Fahrwerk zu löten, ohne es ausbauen zu müssen. Es bieten sich unendliche Situationen an, diese Paste zu verwenden. 1-mm-Silberlot mit 610°C Schmelztemperatur, Löthaken, Flussmittel und eine Silberlot-Paste mit 40% Silbergehalt – man bekommt bei der Fohrmann so einiges zum Thema Hartlöten, speziell für den Modellbau.

Ich habe mir nun aus solch einer Keramikplatte, plus eingangs erwähnter Feuerschutzplatte ein ideales Hilfswerkzeug geschaffen. Ich habe das Werkzeug jetzt schon einige Jahre im Einsatz, viele unterschiedliche Lötarbeiten sind mit Erfolg ausgeführt worden, deshalb kann ich es mit Fug und Recht als „Ideal" bezeichnen. Natürlich kann man diese Behauptung nur in einem gewissen Bereich einordnen, nämlich der Feinmechanik und dem Modellbau. Fast jede spezielle Hartlotarbeit verlangt nach speziellen Hilfswerkzeugen. Die reine Lötplatte mit

Gleiche Platte mit zwei Haltestangen mit Kroko-Klemmen

terzogen, die Hilfsmittel sind annähernd identisch. Mit der ersten Variante haben wir einige Teile für die Restekiste mit eingekauft, die nicht unmittelbar benötigt werden. Die zweite Variante bietet eine Möglichkeit, mit dem Erwerb einer einzelnen Keramikplatte Geld zu sparen, uns aber rund um die Einzelplatte selbst

Unterlage ist sehr schnell gefertigt, allerdings, für die Anfertigung der Hilfswerkzeuge, Klemmen und Halterungen, ist schon etwas mehr Arbeitsaufwand erforderlich. Eine kleine Drehmaschine eventuell mit Fräsvorrichtung oder beide Maschinen separat, wären ideale Voraussetzungen um sich solche Hilfswerkzeuge selbst fertigen zu können.

Die Keramikplatte besteht aus 1.300°C temperaturbeständiger Keramik und hat die Abmessungen 197×140×13 mm. Wir haben uns gemerkt, dass eine Autogenflamme durchaus 3.000°C, manchmal sogar etwas mehr, betragen kann. Aus diesem Grund sollte niemals mit der spitzen Flamme auf die unmittelbare Oberfläche der Keramikplatte gezielt werden, auch versehentlich oder unbeabsichtigt wird die Platte, wenn auch nur zum Teil, zerstört. Mit ihrer Vielzahl an Löchern ergibt sich auch bei dieser Platte ein sehr geringer thermischer Widerstand. Auch hierbei können, genau wie bei der Heizstrahlerplatte, Stahlstifte in die Löcher gesteckt werden, die dann als Anschlag oder Anlage dienen, eine nicht zu unterschätzende Hilfsmöglichkeit beim Fertigen mehrerer gleicher Teile. Die Stahlstifte und sogenannte Löthaken, als Anlage und Festhaltegeräte sind ebenfalls bei Fohrmann zu bekommen, die „Löthaken sind Objekte, die unbedingt einer Beachtung würdig sind. Weitere Hilfsmittel und Möglichkeiten, zum thermisch günstigen Festhalten von Lötobjekten, werden ebenfalls noch behandelt. Haben wir uns nun die Keramikplatte und die feuerfeste „Promat-Platte besorgt, brauchen wir noch einige Materialien, um eine funktionstüchtige Löthilfe fertigen zu können. Damit die Keramikplatte fest mit der Brandschutzplatte verbunden werden kann, muss ein Rahmen die Keramikplatte umschließen. Dieser Rahmen muss selbst angefertigt werden. Ich habe dazu ein Winkelprofil verwendet, ob aus Stahl oder Messing, das Material ist unwichtig.

Die vier Rahmenteile werden zu einer rechteckigen Umrandung der Keramikplatte zusammengefügt. Die 45°-Schnitte an den Ecken und die Längen sollten der Platte angepasst werden, damit diese innerhalb des Rahmens nicht wackelt. Das ist äußerst wichtig, weil sich die zu lötenden Objekte auf der Platte befinden, die Halterungen aber außerhalb auf dem Rahmen. Die Profilmaße der Winkel betragen 12×12×2 mm, somit ragt die Keramikplatte mit ihren 13 mm Dicke 1 mm über die Rahmenkante heraus. Das ist auch genauso gewollt, damit eventuell längere Teile, die über den Rahmen hinausragen, nicht auf diesem aufliegen, sondern immer plan auf der Keramik bleiben. Der Rahmen soll die Platte fest umschließen und wird mit Holz- oder Spax-Schrauben auf die Brandschutzplatte geschraubt. Die Schrauben sollte man sehr vorsichtig eindrehen, damit der Faserstoff nicht zerbröselt. Man merkt es genau, wenn die Schraube „zieht", dann sofort aufhören. Zur Not helfen auch einige Tropfen Schnellkleber. Drei Schrauben auf jeder Seite sollten genügen. Zusätzlich zu diesen Schraubenbohrungen sollten noch auf jeder Seite mindestens zwei Gewindelöcher angebracht werden. Die Anzahl der Gewindebohrungen ist nicht ganz so wichtig, nur in ganz bestimmten Klemmsituationen sollte man aus gegenüberliegenden Positionen die Vorrichtungen anbringen, ansonsten kommen

Der Winkelprofilrahmen hält erstens die Keramikplatte und zweitens die Befestigungsstangen für Halter und Klemmen in Position

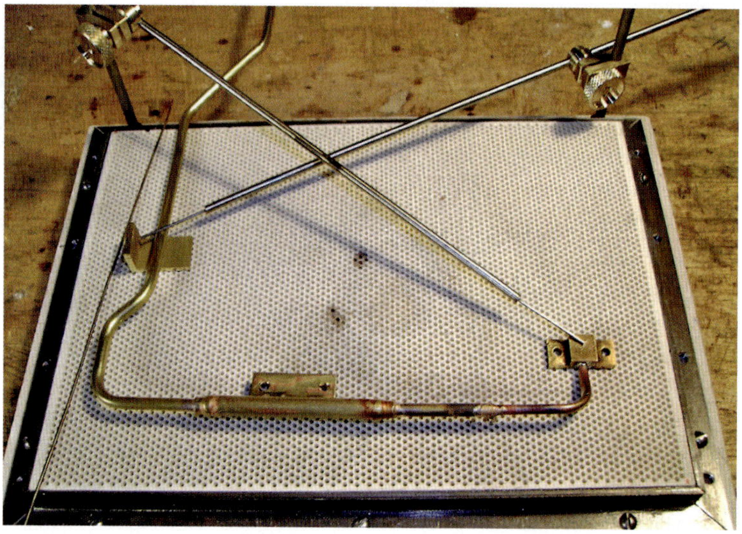

Die Keramikplatte mit einfachen Stangen zum Justieren, z.B. einer Speisewasserleitung für eine Modelldampfmaschine

Einfache Stütze zum Anlegen von Wellen, Rohren und Verbindungselementen

wir mit den „Stangen“ sehr gut zurecht. Die Löcher werden mit einem M4-Gewinde versehen und nehmen dann zwei oder auch mehr Rundstangen mit ebenfalls 4 mm Durchmesser auf. Diese Stangen sollten eine Länge von etwa 150 mm haben, auf einer Seite wird ein M4-Gewinde geschnitten, etwa 15 mm lang. Damit ragen die Enden 10 bis 12 mm in die Brandschutzplatte hinein und man erreicht damit noch etwas mehr Führungsstabilität. Im Regelfall werden zwei Stützen genügen, nur wer gleichzeitig mehrere Teile fixieren will, kann natürlich weitere Stützen anbringen, nur rundherum „zubauen“, das sollten wir nicht. Schließlich müssen wir noch mit der Flamme und dem Lötstab an das Objekt herankönnen. An den senkrechten Stützen können nun die unterschiedlichsten Halterungen, Vorrichtungen,

Selbstgefertigte Klemmvorrichtung für zwei Stangen

Selbstgefertigte Parallelschraubzwinge mit Haltestange

Zangen, Klemmen oder Spannelemente montiert werden. Die Klemmsteine können von einfachen Stangen über Klemmen bis hin zur Parallelschraubzwinge aufnehmen. Hierbei sind den Fantasien und Ideen angehender Lötfachleute keine Grenzen gesetzt. Eigene Ideen sind immer von Vorteil, aber schauen wir doch mal da hinein, wo Experten löten. Zum Beispiel bei den Herstellern von Blasinstrumenten, man glaubt gar nicht, was alles an einer Trompete gelötet wird. Meist werden diese Instrumente in reiner Handarbeit hergestellt und damit können wir es mit unseren Arbeiten durchaus vergleichen. Wenn man die Instrumentenbauer durchaus als Künstler bezeichnen kann, können diese ebenfalls nicht ohne Halterungen und Hilfswerkzeugen arbeiten. Schauen wir einmal ins Internet, dort finden wir durchaus nachbaufä-

Typischer Einsatz eines Magnetständers mit Messuhr im Einsatz beim Kontrollieren des Oberschlittens einer Drehmaschine

Der Magnetfuß, mit dem Drehhebel wird die Magnetkraft aktiviert

hige Werkzeuge und Hilfsmittel aus dem Instrumentenbau. Oftmals ergeben sich für das zu lötende Objekt eigene, spezielle Halterungen, die sich erst unmittelbar vor Lötbeginn zeigen. Mit steigender Anzahl der Lötobjekte werden sich die spezifischen Gerätschaften für unsere Lötplatte vermehren und man gewinnt mit der Zeit eine umfangreiche Ausrüstung.

Mit der Lötvorrichtung soll dieses Kapitel aber noch nicht enden, es gibt noch einige Zusatzwerkzeuge, die es wert sind hier angesprochen zu werden. Eine solide Stahlblechplatte oder wiederum unser Schraubstock auf der Werkbank dienen als Grundvoraussetzungen folgender Zusatzausrüstungen, die fast alle im Werkzeughandel käuflich erworben werden können. Wir sprechen hier von Messstativen und Schwanenhälse, die in der metallverarbeitenden Industrie und im Werkzeugbau verwendet werden. Was sind nun Messstative?

Sie haben einen magnetischen Fuß und mindestens zwei verstellbare Arme, vorn ist ein Aufnahmestück angebracht, in das eine Messuhr seine Aufnahme findet, man bezeichnet diese Uhr auch als Pupitast oder einfach Tastuhr. Die eigentliche Aufgabe solcher Stative besteht in der Erfassung unrund laufender Wellen und Spindeln sowie der Parallelitätsmessung von Flächen, Führungen und Tischen, vornehmlich an Werkzeugmaschinen. Sie sind mit einem Magnetfuß mit Drehschalter ausgerüstet, welcher magnetisiert oder auch entmagnetisiert und kann somit auf allen geraden, magnethaftenden Metallen aufgestellt werden, so auch auf unsere Stahlplatte oder dem Schraubstock. Sollten wir uns noch einen Schraubstock kaufen wollen, so sollte er eine möglichst große Ambossfläche aufweisen. Anstelle der Messuhren kommen bei unserem Vorhaben Klemmen, Parallelschraubzwingen, Zangen und sogar Magnete zum Einsatz. An allen Hilfswerkzeugen müssen wir ein kurzes Stück 8-mm-Rundmaterial anbringen, welches anstelle der Messuhr in die Aufnahmebohrung der Stative passt. Eine ideale Befestigungsmöglichkeit. Die Stative bekommt man im einschlägigen Werkzeughandel. Dieser hält auch oft Ersatzteile bereit, sodass man eventuelle Reparaturen ausführen kann, um nicht sofort ein neues Stativ kaufen zu müssen. Zum Beispiel erhält man nur den Magnet einzeln und könnte sich damit einen kompletten Ständer nach eigenem Ermessen und Bedürfnissen selbst herstellen. Aber auch die Klemmstücke sind als Ersatzteile erhältlich, sie sind ebenfalls sehr gut

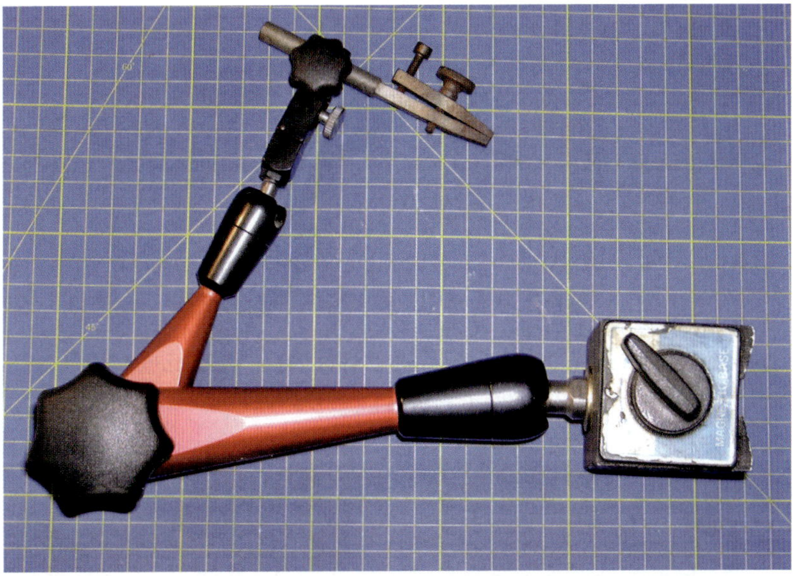

Der zweckentfremdete Magnetständer mit hydraulischer Klemmung und eingespannter Parallelschraubzwinge

Mechanischer Ständer mit Dauermagnet, einfacher Querstange, unterschiedlicher Länge und Parallelschraubzwinge, ein äußerst praktikables und kostengünstiges Gerät

zur Selbstanfertigung von diversen Halterungen einsetzbar. Schauen wir doch einfach einmal in einschlägigen Werkzeugkatalogen oder ins Internet, da finden wir sehr viele Sachen, die uns inspirieren die Teile selbst herzustellen. In der modernsten Form sind die Stative mit einer hydraulischen Klemmvorrichtung ausgestattet, diese ermöglicht es besonders stabile Verbindungsstränge zwischen Magnetfuß und Lötobjekt herzustellen. Die Stative sind außerdem schnell zu justieren und haben mit mehreren „Armen" auch etliche Möglichkeiten diese jeweils um 360° zu drehen und zu wenden, flexiblere Möglichkeiten kann es einfach nicht geben. Auch für die hydraulischen Stative gibt es Ersatzteile, allerding wird man aufgrund der hydraulischen Arbeitsweise kaum zum Selbstanfertigen neigen.

Eine dritte Variante bilden Stative, die als sogenannte „Schwanenhälse" bezeichnet werden. Unter der Bezeichnung Schwanenhälse werden wir aber noch eine weitere Variante der Festhaltemöglichkeit ansprechen. Diese Variante hat im Prinzip die gleiche Arbeitsweise wie die vorher angesprochene, aber die Bewegungsmechanismen sind mit den bereits erwähnten nicht zu vergleichen. Der Schwanenhals basiert auf einer aufgereihten Kette aus Kugeln und Zwischenstücken. Die Zwischenstücke sind als Kugelpfanne ausgebildet und somit können sich die Kugeln in der Kugelpfanne in allen Richtungen drehen, neigen oder auch beides zusammen. Die Kugeln haben in der Mitte eine Bohrung und die Zwischenstücke sind als Rohr ausgebildet. Acht bis zehn Kugeln und Zwischenstücke bilden den beweglichen Strang des Schwanenhalses.

Durch die Mitte von Kugelbohrung und Zwischenstück befindet sich ein flexibles, aber stabiles Stahlseil von 3 mm Durchmesser. Im oberen Endstück, wo sich die Aufnahme für die normalerweise einzuspannende Messuhr befindet, ist das Stahlseil eingeklemmt oder sogar fest eingelötet. Es wandert durch die Bohrungen der Kugeln und Zwischenstücken nach unten in den Magnetsockel. In diesem ist ein drehbarer Exzenter erhalten, der das Stahlseil spannen oder lockern kann. Mit diesem Exzenter/Stahlseil-Mechanismus kann man sehr, sehr schnelle und äußerst präzise Fixierungen vor-

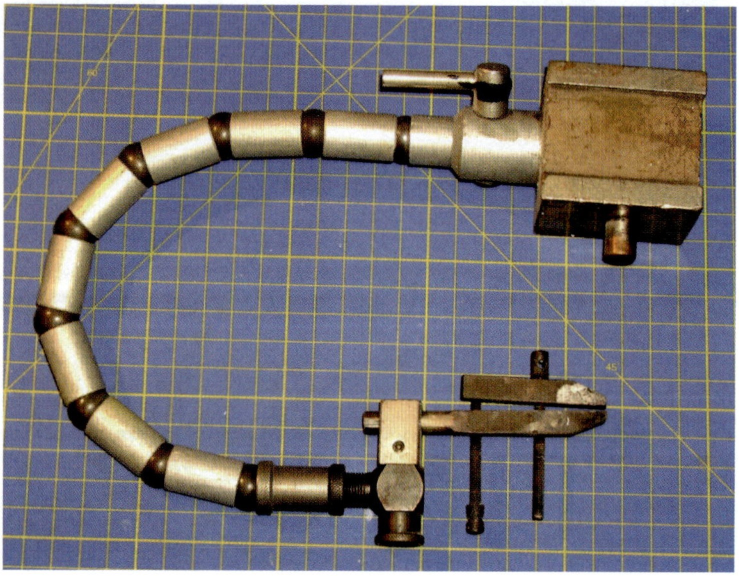

Der komplette Schwanenhals mit Magnetfuß und Parallelschraubzwinge. Mit dem Hebel, oberhalb des Magnetfußes wird ein Stahlseil innerhalb der Kugelreihe gespannt

nehmen. Ich persönlich arbeite sehr gern mit dieser Löthilfe. Sollte sich das Stahlseil etwas gedehnt haben, kann man es mit einer Stellmutter am oberen Aufnahmestück wieder nachjustieren. Unter der oben erwähnten Bezeichnung „Schwanenhals" befindet sich im Handel ein völlig anderes aufgebautes Produkt, welches ebenfalls für unsere Aufgaben hervorragend geeignet ist. Wir finden solche Produkte auch unter der Bezeichnung „Flexrohr" allerding dürfen wir hier diese Bezeichnung nicht mit den Rohren aus der Lüftungs-, Abgas- und Absaugindustrie verwechseln. Wenn wir im Internet „Schwanenhals" eingeben, werden wir flexible Rohrgebilde für Mikrophone, Kameras oder Lampen erhalten. Genau diese Produkte sind für unser Vorhaben die richtigen Produkte. Wir finden Flexrohre für Mikrofone, Kameras oder Leuchten von ca. 15 bis 50 cm Länge und 12 bis 20 mm Durchmesser. Sie weisen meist eingepresste Endstücke auf, die mit Innen- oder Außengewinde versehen sind. Allerdings sind diese Gewinde oft in Zoll-Abmessungen ausgeführt, weil die Stativgewinde von Kameras und Mikrofonen meist ein Gewinde von 3/8" aufweisen. Ich habe aber auch Schwanenhälse mit Gewinde M10×1 gefunden und sogar welche mit angeschraubtem Flansch. Hat man aber nun einen Schwanenhals mit 3/8"-Gewinde und zudem noch 16 Gang pro Zoll, so entspricht das einem Außendurchmesser von 9,53 mm mit einer Steigung von 1,58 mm. Zur Weiterverarbeitung am Magnetfuß oder den Halterungen und Klemmen müsste man dieses Gewinde verwenden, nur: Wer hat schon solche Gewindebohrer mit Schneideisen? Als metrisches Gewinde käme M10 dem vorhandenen am nächsten und man könnte es mit M10 einfach nachschneiden. Natürlich ist das Gewinde dann nicht sauber ausgeschnitten, aber mit Schraubensicherungs-Kleber eingesetzt, hält das

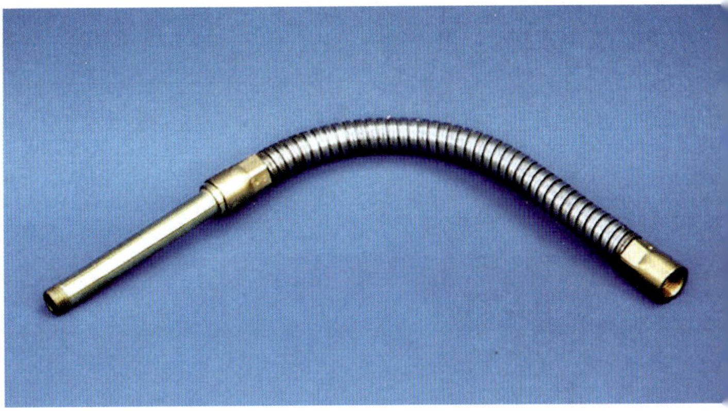

Typischer Schwanenhals eines Lampenständers, mit etwas Geschick lässt sich daraus ein brauchbarer Halter anfertigen

für diese Zwecke allemal. Kauft man sich einen neuen Schwanenhals, sollte man unbedingt auf ein gängiges Gewinde achten, oder gleich solche mit Flansch wählen. Einzelflansche und Adapterstücke sind ebenfalls im Handel. Die Preise dieser Hilfsmittel sind durchaus als moderat zu bezeichnen und somit erhalten wir einen sicherlich erschwinglichen Befestigungsständer.

Zuletzt möchte ich noch ein durchaus praktisches Gerät vorstellen. Gerät ist vielleicht ein etwas übertriebener Ausdruck, weil es ein ganz einfaches Teil ist. Es kann von jedem Modellbaufreund in ca. ½ Stunde angefertigt werden. Ich habe dieses Teil ganz einfach „Lötbügel" genannt. Die Fertigungsmaße auf der Zeichnung sind nicht verbindlich und die Materialien sind ebenfalls frei wählbar. Hierbei sollte die Restekiste für das Notwendige sorgen, gegebenenfalls wird bei jedem Schrotthändler das Gesuchte zu finden sein. Im vorderen Bereich des Bügels könnte noch ein zusätzliches Gewicht aufgeschoben und geklemmt werden. Dies erhöht die Auflagekraft, denn mit dem Bügel wird nicht geklemmt, es wird nur fixiert. Nach meiner Erfahrung wird das aber bei vielen Lötarbeiten durchaus genügen.

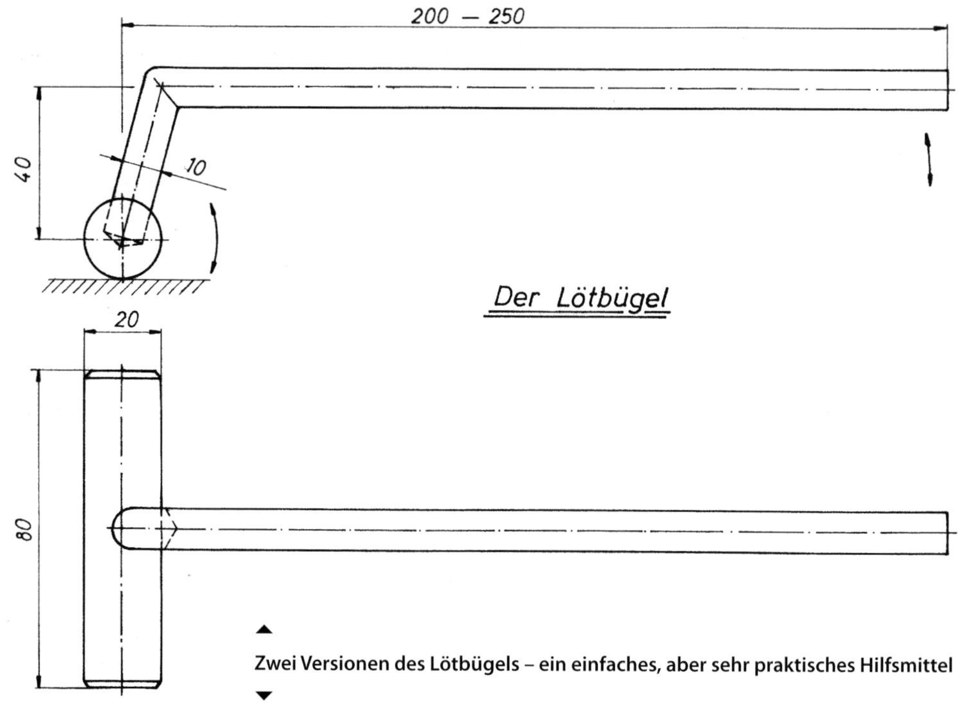

Zwei Versionen des Lötbügels – ein einfaches, aber sehr praktisches Hilfsmittel

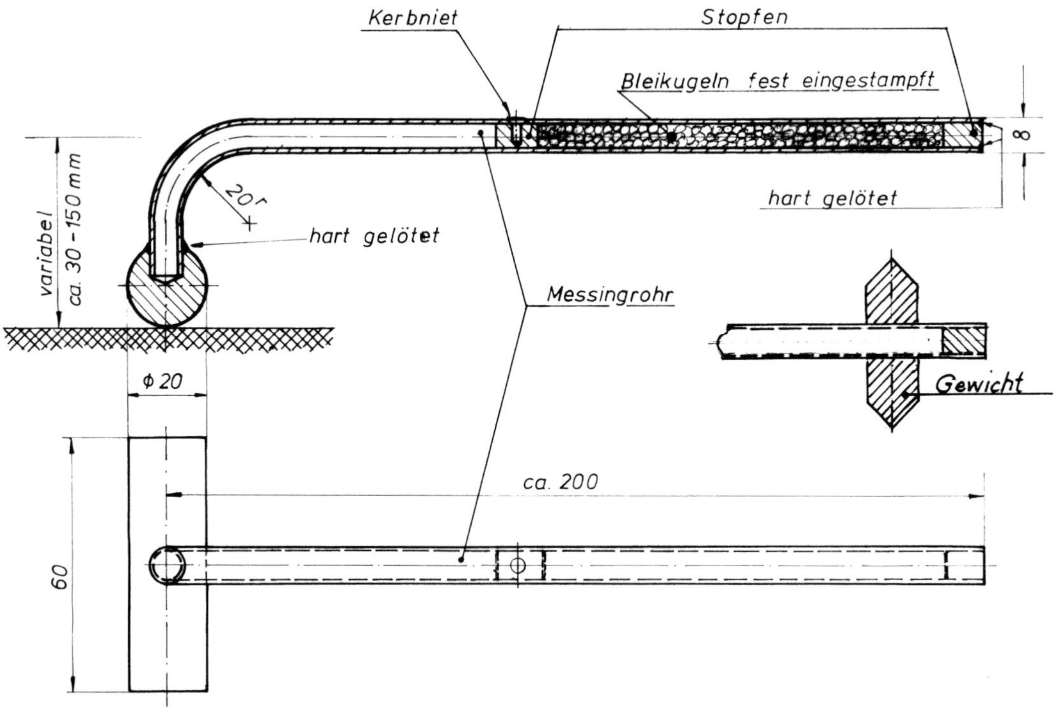

Lötverfahren: Theorie ist nicht gleich Praxis

Für einige Modellbaufreunde ist das Hartlöten eine geradezu abstoßende Arbeitsmethode. Das kann eigentlich nur aus Unwissenheit über diese Arbeitsmethode und den Gerätschaften sowie den dazugehörenden Materialien herrühren. Dazu gehört ein fundiertes Wissen über die zu verbindenden Grundwerkstoffe und – was ganz wichtig ist – die zu diesen Grundwerkstoffen richtigen Lotmaterialien zu verwenden. Diese Lotdrähte werden meist als „Silberlot“ bezeichnet, das ist auch zutreffend, nur gibt es die unterschiedlichsten Legierungen und Schmelzbereiche, die zu beachten sind. Hier soll versucht werden, einige Dinge anzusprechen, die der Unwissenheit entgegen wirken und zum Hartlöten animieren.

Hartlöten ist erlernbar, Hartlöten ist Übungssache und wir sollten wissen: Es ist noch kein Meister vom Himmel gefallen!

Hartlöten ist aber auch physikalisches Wissen über Verbrauchsmaterial, wie Gas und Sauerstoff, über metallische Werkstoffe, über Hilfsstoffe, Werkzeuge und Sicherheitsbestimmungen. Hartlöten ist auch Wissen über die Temperatur – was ist die Solidus- und Liquidustemperatur? – und damit verbunden der Schmelzpunkt von Lot aber auch von Übertemperatur, wenn alles verbrennt. Einige Grundlagen sollen dem geneigten oder zukünftigen „Lötfachmann“ an die Hand gelegt werden, um einfach einmal mit dem Hartlöten zu beginnen. Beginnen wir einfach mit etwas Theorie, die Überschrift dieses Artikels lautet ja „Theorie ist nicht gleich Praxis“, weil aber auch oben steht „Löten ist erlernbar und Übungssache“, das wäre dann die Praxis. Betrachten wir nun einmal das Löten aus allgemeiner Sicht.

Löten ist ein thermisches Verfahren zum stoffschlüssigen Fügen von metallischen Werkstoffen. Dabei wird nur das Lot in eine flüssige Phase gebracht, die Grundwerkstoffe bleiben im festen Zustand. Im technischen Vokabular spricht man von der Liquidustemperatur, beim Lot wird sie erreicht oder überschritten, das Lot schmilzt oder ist vollkommen flüssig, beim Grundwerkstoff ist das nicht der Fall. Im Gegensatz hierzu wird beim Schweißen diese Temperatur bei Weitem überschritten, beide Werkstoffe, die des Basismaterials und des Schweißstabes, müssen die Liquidustemperatur erreichen und überschreiten, damit beide Materialien in der Schweißnaht im flüssigen Zustand eine Verbindung eingehen. Nach Erkalten stellt sich eine weitgehend homogene Verbindung heraus. Zur Definition sei gesagt, beim Löten benetzt ein geschmolzener Zusatzwerkstoff – der die besagte Liquidustemperatur besitzt, welche immer geringer sein muss, als die Solidustemperatur der Grundwerkstoffe – die Oberfläche der Bauteile und dringt in den Lötspalt ein.

Beim Erstarren ist eine stoffschlüssige Verbindung hergestellt.

Verbindungsmaterialien sind meist leicht schmelzbare Metalllegierungen: **Das Lot.** Mit dessen Hilfe wird eine metallische Verbindung von mindestens zwei oder auch mehreren Bauteilen, oft unterschiedlichster metallischer Struktur, erreicht. Das Löten, steht neben anderen Verbindungstechniken, wie Kleben, Fügen, Schweißen oder Schrauben und Nieten zu den wichtigsten Verbindungstechniken, auch im elektrischen Bereich. Ein besonderes Kennzeichen einer Löttechnik ist die Verbindung unterschiedlicher Metalle, so sind z.B. Nichteisenmetalle (Buntmetalle) durch das Lot mit Eisenmetallen dauerhaft zu verbinden. Stähle und Hartmetalle sind ebenso gut zu verbinden, wie auch Gold mit anderen Edelmetallen.

Löten ist ein sehr altes Fügeverfahren, ich möchte hier einen kleinen Ausschnitt aus der Geschichte bringen. Gelötet wurde nachweislich schon etwa um 5.000 v. Chr., vermutlich sogar noch früher. Die damals bekannten Metalle, wie Gold, Silber und Kupfer wurden zu Schmuck- und Kultgegenständen verarbeitet, wobei das Löten zum Einsatz kam. Selbstverständlich hatten die damaligen Methoden und Verfahren nichts, aber auch gar nichts mit der heutigen Technik zu tun. In der CO-Atmosphäre eines Holzkohlefeuers wurden Kupfersalze reduziert, sie ergeben bei der chemischen Reaktion mit Gold oder Silber eine lötfähige Legierung. Das dadurch entstandene Eutektikum hat einen niedrigeren Schmelzpunkt als Gold, Silber und Kupfer. Die Schmelztemperaturen von Gold ist 1.063°C, die von Silber 961°C und die von Kupfer ca. 1.100°C. Eine Lotlegierung von 66,5% Gold und einem Rest Kupfer hat eine Schmelztemperatur von 889°C. Als Basis für das Kupfersalz kam Kupferkarbonat in Form von pulverisiertem Malachit sowie Beimischungen von Alaun und Soda/Natron zum Einsatz. Abbildungen in altägyptischen Gräbern zeigen Goldarbeiter mit Blasrohr vor einem Holzkohlefeuer. Beispiele für diese Lötkunst sind u. A. die ägyptische Goldmaske des Tutanchamun, ein goldener Dolch der Sumerer aus Ur in Chaldäa oder eine Goldkette der Etrusker.

Entscheidend für die Einteilung der Lötverfahren ist die Liquidustemperatur des Lotes. Der allgemeine Sprachgebrauch unterteilt diese Temperatur folgendermaßen: Unter 450°C spricht man vom „Weichlöten“ über 450°C bedeutet „Hartlöten“. Das Hochtemperaturlöten über 900°C wird im Vakuum- oder Schutzgasverfahren angewendet und soll hier bewusst nicht angesprochen werden, weil diese Verfahren hauptsächlich der Industrie vorbehalten sind. Die Anwendung entscheidet über das Verfahren, wobei Hartlotverbindungen in der Regel eine geringere Festigkeit aufweisen, als Schweißverbindungen, aber immer eine höhere

Merkmale	Schweißen	Hartlöten
Grundprinzip	Aufschmelzen der Grundwerkstoffe	Benetzen der Grundwerkstoffe
Grundwerkstoff	artgleiche oder artähnliche Metalle	Metallkombinationen
Ausbildung des Spaltes	grobe Zurichtung	genaue, exakte Zurichtung
Temperatur	hohe Schmelztemperatur	niedrige Arbeitstemperatur (Lot)
Füllen der Fügestelle	mithilfe der Schwerkraft	mithilfe des kapillaren Fülldrucks
Nahtaussehen	raupenartig	glatt und glänzend
Erwärmungsart	punktförmig, im Schweißbad	gleichmäßig über Gesamtbereich
Flammentyp	harte Flamme, spitzer Flammenkegel	weiche, breitere Flamme
Handhabung	Schweißstab pendelnd entlang der Fuge	Lötstab an Lötspalt angesetzt
Brennerbewegung	gradlinig oder pendelnd entlang der Fuge	flächend, nah und weit ausholend

als Weichlotverbindungen. In der Praxis beträgt die Arbeitstemperatur mehr als 600°C.

In der Tabelle auf Seite 66 werden einige Merkmale den Unterschied von Gasschweißen zum Hartlöten aufgezeigt.

Schmelzpunkt, Schmelzbereich und Arbeitstemperatur von Lot und selbstverständlich auch der Grundwerkstoffe können sehr unterschiedlich sein. Wir haben nun schon die Begriffe Solidustemperatur und Liquidustemperatur in unseren Sprachschatz aufgenommen, aber was bedeutet das eigentlich genau.

Die **Solidustemperatur** kennzeichnet die Temperatur einer Legierung, einer Keramik, eines Glases, Gesteins oder Minerals, bei der unterhalb dieser Temperatur die Substanz vollständig in fester Phase vorliegt.

Die **Liquidustemperatur** ist diejenige Temperatur einer Legierung, eines Glases, einer Keramik oder Minerals und auch vieler anderer Stoffe, die bei Erreichen oder Überschreiten dieser Temperatur in einen flüssigen Zustand übergeht.

Zwischen Solidus- und Liquidustemperatur ist das Gemenge der Legierung breiig, es existieren feste und flüssige Phasen nebeneinander. Den Temperaturbereich in dieser Phase nennt man das „Schmelzintervall“. Nur reine Metalle und eutektische Legierungen haben einen definierten Schmelzpunkt. Oberhalb dieses Schmelzpunktes wird das Material flüssig, unterhalb bleibt es fest. Hartlote haben meist einen Schmelzbereich, er wird vom unteren Schmelzpunt (der Soli) und dem oberen Schmelzpunkt (der Liqui) begrenzt. Bei reinen Metallen und eutektischen Legierungen fallen Soli und Liqui zusammen. Etwa beim Lot L-Sn63PbAg bei exakt 178°C. Hier erfolgt der Übergang schlagartig.

Nach Erreichen der Solidustemperatur geht das Lot innerhalb des Schmelzbereiches vom festen in den flüssigen Zustand über, es ist bei Erreichen der Liquidustemperatur vollständig flüssig.

Im oberen Teil des Schmelzbereiches erreicht das Lot die Arbeitstemperatur, dies ist die niedrigste Oberflächentemperatur an den zu verbindenden Grundwerkstoffen, bei der das Lot benetzen, sich ausbreiten und binden kann.

Die Arbeitstemperatur kann auch der Liquidustemperatur entsprechen, sie kann unter Umständen sogar höher liegen, aber sie liegt niemals unter der Solidustemperatur, weil das Lot dort noch fest ist.

Nun ist es aber erst mal genug. Vor lauter Temperaturen, Schmelzpunkten, Soli und Liqui, Verfestigung und Verflüssigung möchte ich eine Zwischenanalyse einflechten. Ich möchte nun das erste Mal, von der grauen Theorie in die Praxis überleiten. Ich möchte über die Situation plaudern, die jeder lötwillige Bastelfreund, ob nun Anfänger oder auch Erfahrener, irgendwann einmal erlebt hat. Genau an diesem Punkt, an dieser Stelle ist die Praxis mit der jetzt gerade gelesenen Theorie in Einklang zu bringen. Es ist nicht ganz einfach, diese Beobachtungen und Vorgehensweisen in Worte zu kleiden, ich möchte es aber dennoch versuchen und hoffe auf Verständnis, wenn nicht alles ganz klar und lupenrein „rüberkommen“ sollte.

Folgende Voraussetzungen nehmen wir zu diesem Löt-Einsatz einmal an: Wir wollen ein Messingrohr – sagen wir 10 mm außen, 8 mm innen – in die Flanschwand einer Pumpe von 15 mm Stärke, die ein äußeres Maß von 40×60 mm aufweist und ebenfalls aus Messing besteht, druckdicht hart einlöten. Eigentlich eine Alltagsaufgabe, aber dennoch nicht ganz unproblematisch.

Alle mechanischen Arbeiten sind erledigt, die zum Lotauftrag benetzten Flächen sind metallisch rein gesäubert, diese Flächen werden nun mit dem Pinsel mit Flussmittel eingestrichen und es steht einem Zusammenfügen von Flansch und Rohr nichts mehr im Wege. Damit wäre auch soweit alles in Ordnung. Nur sollte man bedenken, dass der Flansch, aufgrund der viel größeren Masse viel mehr Energie zum Aufwärmen benötigt, als das zu verbindende, dünnwandigere Rohr. Wäre es dann nicht besser, die dickere Platte auf einer feuerfesten Unterlage sozusagen vorzuwärmen, danach das Rohr in die Flanschbohrung zu stecken um erst danach, wiederum die meiste Wärme mit dem Brenner in die Platte zu befördern, um allmählich beide mit der Liquidustemperatur verbinden zu können? Das wäre der Idealfall, ich sage es eindeutig, dazu gehört schon ein klein wenig „Erfahrung". Aber gehen wir nun zu der „Schnittstelle", es ist der Punkt, an dem das Rohr aus der Bohrung austritt. Wenn wir nun meinen wir könnten nun das Lot an die Fuge setzen ist das ein großer Irrtum. Wir werden erfahren, dass sich ein kurzes Stückchen des Lotstabes durch die Erhitzung der Flamme gelöst hat, sich sozusagen als kleine Kugel vor die Fuge gelegt hat, aber nicht weiter schmilzt. Sie liegt sozusagen wie die Katze vor dem Mauseloch. Was ist aber nun geschehen? Ganz eindeutig ist die niedrigste Oberflächentemperatur des Flansches nicht erreicht worden. Nun müssen wir versuchen die Wärme mehr in den Flansch als in das Rohr zu leiten. Wir lassen besagtes Kügelchen vor dem Spalt verharren, leiten mehr Wärme in das voluminöse Objekt hinein und werden schließlich sehen, wie der Spalt seine gefräßige Kapillarkraft ausübt, das Kügelchen ist verschwunden. Augenblicklich ist der Zeitpunkt gekommen, um weiteres schmelzendes Lotmaterial in den Spalt zu befördern. Damit hat sich die Praxis zur Theorie bewahrheitet, der Lötspalt ist gefüllt, wenn sich oben rundherum ein geschlossener, aus flüssigem Lot gebildeter Abschlussring zeigt, kann man von einer dichten homogenen Lötverbindung sprechen.

Welches Lötverfahren wir anwenden, hängt von der Wirtschaftlichkeit, der Wärmeempfindlichkeit der Bauteile, der mechanischen Beanspruchung der Lötstellen und der Betriebstemperatur der Werkstücke ab. Im technischen Modellbau bildet das Hartlöten den sogenannten Grundstock, um technische Geräte, Maschinen und Bauwerke, wie Brücken, Türme und Industrieanlagen in einem gewissen Maßstab herstellen zu können. Dampfmaschinen, Lokomotiven, Kräne, Nutzfahrzeuge, ja sogar Schiffe und Flugzeuge sind begehrte Objekte, die von Modellbauern bevorzugt nachgebaut werden. Ohne Hartlötmethoden, aber auch Weichlotarbeiten sind durchaus anwendbar, sind solche Objekte

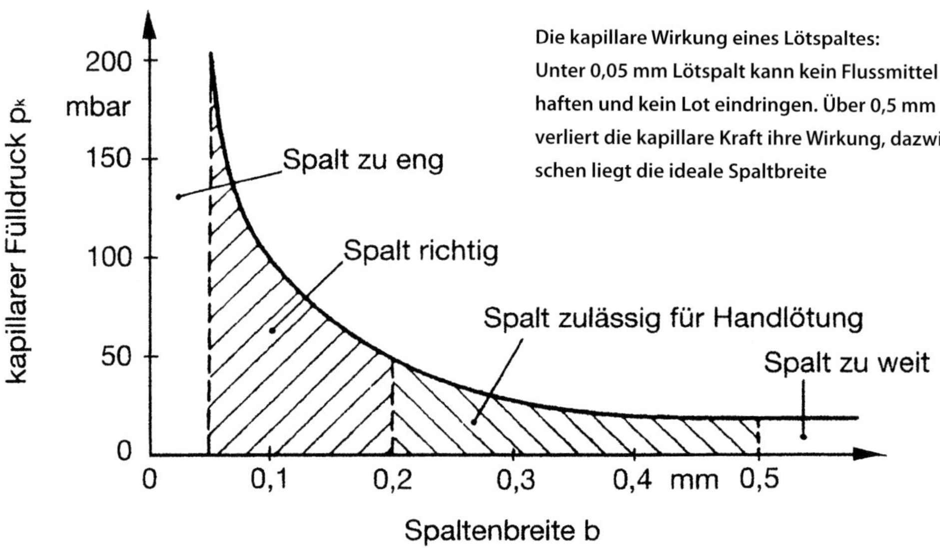

Die kapillare Wirkung eines Lötspaltes: Unter 0,05 mm Lötspalt kann kein Flussmittel haften und kein Lot eindringen. Über 0,5 mm verliert die kapillare Kraft ihre Wirkung, dazwischen liegt die ideale Spaltbreite

kaum zu verwirklichen. Jeder Modellbaufreund, der solche Arbeiten schon einmal verwirklicht hat, ist mit der Arbeitsweise „Löten" mit absoluter Sicherheit konfrontiert worden. Löten kann man praktisch alle Gebrauchsmetalle, wie Kupfer und Kupferlegierungen, Nickel und Nickellegierungen, Stähle und Eisenwerkstoffe sowie Aluminium und Hartmetalle.

Es gibt gewisse Unterschiede im Lötverfahren, ich meine hier nicht das Weich- und Hartlötverfahren, sondern das Spalt- und Fügeverfahren. Der Spalt oder die Fuge sind absolut unterschiedliche Dinge, die beachtet werden sollten. Wenn die Oberfläche, der zu verbindenden Werkstücke einen größeren Abstand als 0,5 mm haben, oder wenn die Lötstelle eine Y- oder X-förmige Ausbildung hat, sprechen wir von einer Fuge. Haben die zu verbindenden Flächen einen kleineren Abstand als 0,5 mm zueinander, sprechen wir von einem Lötspalt. Der überwiegende Teil unserer Lötverbindungen wird im Spaltverfahren hergestellt. Das sind Überlappungen mit und ohne Laschen, Rohrverbindungen mit Muffen, Winkeln oder T-Stücken sowie Verbindungen von Rohren in Gewindestücken und Flanschen. Auch konstruktive Maschinen- und Bauelemente können wirtschaftlich im Spaltverfahren hergestellt werden. Schon bei entstehenden Konstruktionen sollten lotgerechte Verbindungen einfließen, somit wird z.B. das Toleranzfeld (Lötspalt) in den Maßangaben der Zeichnungen zur praktischen Fertigung berücksichtigt. In einen Presssitz kann kein Lot fließen! Ein Luftspalt muss vorhanden sein, bei derartigen Lötverfahren kommen besagte Kapillarkräfte, die das Lot in den Spalt saugen zum Tragen. Flüssiges Lot, wird sozusagen entgegen der Schwerkraft, nach oben gesaugt. Legt man einen Lotring unten in eine Muffe, steckt das Rohr, welches gut mit Flussmittel eingestrichen ist, in die Bohrung, bis es auf dem Lotring aufliegt, und erwärmt dann das Ganze, kann man beobachten, ob am oberen Rand rundherum flüssiges Lot austritt. Ist das der Fall, hat man einen nicht zu unterschätzenden Nebeneffekt erreicht, man weiß: Der Spalt ist gefüllt, die Druckdichtigkeit ist erreicht. Man kann, ohne irgendwelche kostspieligen Prüfverfahren behaupten: Es ist eine 100%-Füllung des Spaltes erfolgt. Bevor wir dann zu den Materialien, den Lotstäben- und Drähten, den Dünnblechstreifen aus lötfähigen

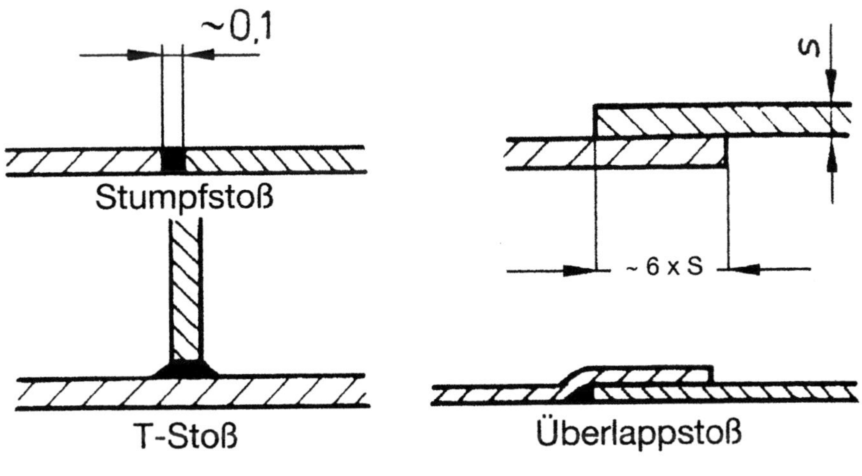

Einige gängige Spaltverfahren und Überlappungen. Laschungen und Überlappungen sind beim Modell-Dampfkessel-Bau üblich

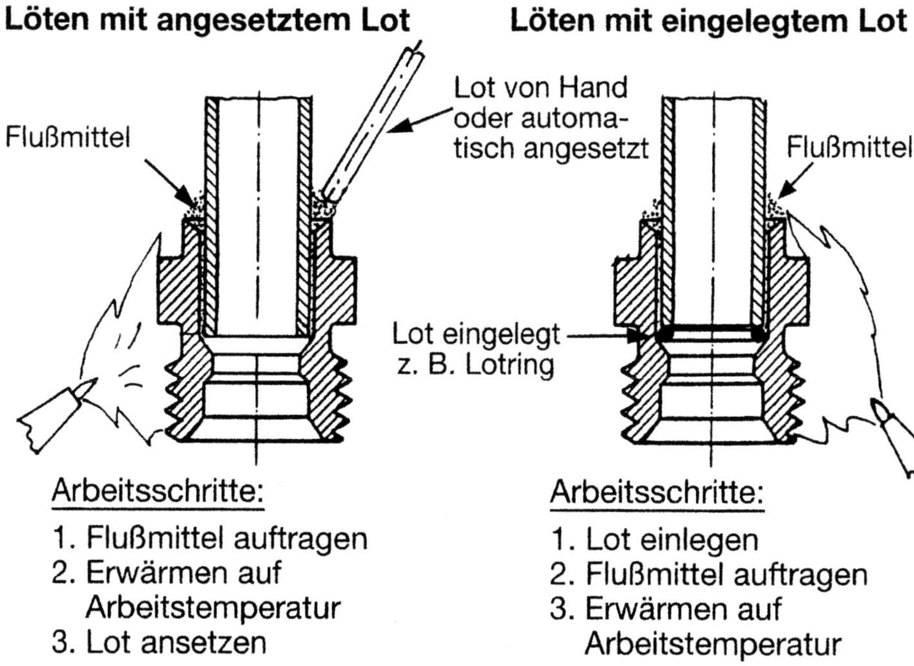

Unterschiedliche Arbeitstechniken, hauptsächlich im Rohrleitungsbau, hierbei zeigt sich deutlich die Kapillarwirkung

Materialien und Flussmitteln kommen, noch einige Worte zur Wärmequelle, zum Arbeitsplatz, zur sachgerechten Vorbereitung und zur Belastbarkeit von Lötstellen.

Die Wärmequelle ist ja von entscheidender Bedeutung, über Gas und Sauerstoff ist alles gesagt worden, fast alle Lötarbeiten werden von uns mit der Flamme ausgeführt. Fast alle Modellbaufreunde werden sicherlich mit einem Kartuschen-Gerät, der sogenannten „Lötlampe“, ihre Hartlötarbeiten ausführen. Wer aber einen größeren Kupferkessel löten will, dabei ist es nicht von Bedeutung, ob für eine stationäre Anlage, für eine Lokomotive, Traktor oder für ein Schiffsmodell, der wird um eine Propan/Sauerstoff- oder sogar Acetylen/Sauerstoffanlage nicht herumkommen.

Als Privatperson ist es nicht so ohne Weiteres möglich, größere Gebinde Acetylen und Sauerstoff zu beziehen. Händler verlangen oft einen Gewerbeschein und die Befähigung im Umgang mit diesen Geräten. Nimmt man dann noch den Erwerb der Flaschen, der Druckminderer, Schläuche, Handstück und mehrere Brenner verschiedener Größe dazu, wird die Investition schnell die Hobbykasse sprengen. Will man aber nur ein einziges Projekt verwirklichen, bei dem Gas und Sauerstoff eine unerlässliche Voraussetzung darstellt, sollte man vielleicht an einen Meisterbetrieb im Installationshandwerk denken. Hier könnte man eventuell solche Arbeiten ausführen lassen, wenn man den Meister kennt, erlaubt er vielleicht die Lötarbeit selbst auszuführen. Hat man diesem Meisterbetrieb eventuell schon mal einen Auftrag am eigenen Haus erteilt, steckt dazu noch einen kleinen Betrag in die Kaffeekasse, erleichtert das die Sache ungemein. Bleiben wir nochmals bei der technischen Ausrüstung einer kompletten Autogen-Anlage. Für eine solche Investition sind schnell mal 600,- bis 800,- € ausgegeben, irgendwie sollte sich so etwas auch im Hobbybereich amortisieren. Ist der technische Modellbau mein hauptsächliches Hobby, lohnt es sich bestimmt, aber nur für ein Projekt? Da ist die Möglichkeit mit der Kaffeekasse bestimmt der bessere Weg. Eines sollte noch als Grundregel zur Wärmequelle gesagt werden: Die Wärmeleistung sollte so gewählt werden, dass die Werkstücke in ca. 3 bis 4 Minuten auf Löttemperatur gebracht sind!

Das richtige Lotmaterial

Dieses Kapitel kann als eines der wichtigsten in diesem Buch angesehen werden. Es werden Silberlote, Messinglote, Phosphorlote und dazugehörende Flussmittel behandelt. Die zu verbindenden Werkstücke, die aus unterschiedlichen Metallen bestehen können, benötigen einen Lötstab, der diese Materialien dauerhaft verbinden kann. So kann man z.B. Messing nicht mit Messinglot löten, weil je nach Legierung beide Materialien, das Werkstück und der Lötstab fast die gleiche Schmelztemperatur besitzen, man kann diese Verbindung aber schweißen. „Löten" wird als das metallische Verbinden von Teilen mit einem Zusatzmetall – **dem Lot** – definiert, dessen Schmelztemperatur niedriger ist, als die Schmelztemperatur der zu verbindenden Teile. Es gilt als eine starke Verbindung, aufgrund eines Diffusionsprozesses, wobei kein Schmelzen des Grundmetalls stattfindet. Im Handel ist ein fast nicht mehr zu überblickendes Angebot an Lotzusatzwerkstoffen vorhanden. In verschiedensten Formen und Größen werden Stäbe, Drähte, Ringe, Folien, Pasten und diverse Formteile angeboten. Speziell zusammengesetzte Flussmittel für die unterschiedlichsten Aufgaben und Materialien ergänzen das Angebot. Aus diesem Dschungel an Angeboten, die sicherlich nicht mehr zu überblicken sind, möchte ich einige Produkte herausfiltern, die hauptsächlich für unser Hobby interessant erscheinen. Nach den allgemeinen Betrachtungen möchte ich einige Lotstäbe einer bestimmten Firma aufführen. Das soll keine Wertigkeit darstellen, wichtig ist eigentlich nur die Zusammensetzung, die Legierung der einzelnen Produkte und das macht die Firma ausgezeichnet, weil sie gleichzeitig die Anwendungen, Verarbeitungshinweise und das dazugehörende Flussmittel in ihren Tabellen auflistet. Ich habe die Firma Castolin-Eutectic ausgewählt, weil ich mit ihren Produkten jahrzehntelang, nicht nur im Hobbybereich, sondern auch, und das im weitaus größeren Umfang, in der beruflichen Tätigkeit gearbeitet habe. Wichtig zum Kauf der Lotstäbe ist die DIN-, EN- oder ISO-Nummer mit den Kürzeln dahinter, da spielt der Hersteller nur eine untergeordnete Rolle, bei den heutigen Rohstoffpreisen ist eigentlich der Preis das entscheidende Kaufargument. Die Arbeitsaufgaben sind immer auch unter unterschiedlichsten Gesichtspunkten zu betrachten. Mal sind es einfache Spaltlötverfahren, mal Überlappungen zu löten, mal auch ein Löten mit Lotfolien, mal müssen Lötungen im Wartungs- und Reparaturverfahren angewendet werden, ich löte z.B. ein gebrochenes Bandsägeblatt, oder man beschäftigt sich mit komplizierten Verbindungen in der Massenproduktion. Es sind immer unterschiedliche Aufgaben, die unterschiedliche Arbeitsweisen und Praktiken erfordern.

Beschäftigen wir uns erst einmal mit dem wichtigsten Zusatzwerkstoff, dem **„Lot".**

Artikelbezeichnung DIN EN 1044	ISO 3677	Zusammensetzung (Gewichts-%)					Arbeitstemperatur (°C)	Zugfestigkeit der Lötung (N/mm²)	Dichte (g/cm³)	Zum Hartlöten von folgenden Grundwerkstoffen
		Ag	Cu	Zn	Ni	Rest.				
AG 207 (L-Ag12)	B-Cu48ZnAg(Si) 800/830	12	48	40	-	-	830	400	8,5	Stahl, Kupfer, Kupferlegierungen, Nickel, Nickellegierungen, Temperguss warmfest bis 300 °C
AG 206 (L-Ag20)	B-Cu44ZnAg(Si) 690/810	20	45	35	-	-	810	400	8,7	
AG 205 (L-Ag25)	B-Cu40ZnAg 700/790	25	41	34	-	-	780	400	8,8	
AG 203 (L-Ag44)	B-Ag44CuZn 675/735	44	30	26	-	-	730	450	9,1	Stahl, Kupfer, Kupferlegierungen, Nickel, Nickellegierungen, Temperguss warmfest bis 200 °C *bedingt für Edelstahl
AG 107 (L-Ag30Sn)	B-Cu36ZnAgSn 665/755	30	36	32	-	2 Sn	740	430,	8,8	
AG 106 (L-Ag34Sn)	B-Cu36AgZnSn 630/730	34	36	27	-	3 Sn	710	430	9,0	
AG 105 (L-Ag40Sn)	B-Ag40CuZnSn 650/710	40	30	28	-	2 Sn	690	400	9,1	
AG 104 (L-Ag45Sn)	B-Ag45CuZnSn 640/680	45	27	25	-	3 Sn	670	400	9,2	
AG 102* (L-Ag55Sn)	B-Ag56CuZnSn 620/655	56	22	17	-	5 Sn	650	400	9,4	
Ag 502 (L-Ag49)	B-Ag49ZnCuMnNi 680/705	49	17	22,5	5	6,5 Mn	690	300	8,9	Hartmetall auf Stahl, Wolfram- und Molybdän-Werkstoffen
Ag 401 (L-Ag72)	B-Ag72Cu 780	72	28	-	-	-	780	340	10,0	Stahl, Edelstahl, Kupfer, Nickel und Nickellegierungen
Ag 403 (L-Ag56InNi)	B-Ag56CuInNi 600/710	56	26	-	4	14 In	730	300	9,5	

Liste einiger ausgewählter Silberhartlote, deren Normung, Eigenschaften und Zusammensetzungen

Als Lot bezeichnet man eine Metalllegierung, die je nach Einzelausführung aus einem bestimmten Mengenverhältnis von unterschiedlichen Metallen besteht. Hauptsächlich sind dies Blei, Zinn, Silber und Kupfer. Vor dem Löten müssen die zu verbindenden Teile mechanisch und chemisch gut gereinigt werden. Flussmittel lösen während des Lötens die Oxydschicht auf den Metallen und schützen dabei vor erneuter Oxydation. Eine eutektische Legierung hat oft eine niedrigste Temperatur und schmilzt, bzw. erstarrt bei einer festgelegten Temperatur. Als eutektische Legierung wir z.B. das Lot **Sn62 Pb38** bezeichnet, im allgemeinen Sprachgebrauch sagt man auch Elektroniklot 60/40 dazu, es hat eine Schmelztemperatur von 183°C. Alle nicht eutektischen Legierungen weisen zwei charakteristische Temperaturpunkte zwischen dem Beginn und der vollständigen Verflüssigung und umgekehrt auf. Dies ist die sogenannte Solidus- und Liquidustemperatur. Sie haben also einen Erstarrungs/Schmelzbereich, welcher so auch absolut gewünscht wird. Unterhalb der Solidustemperatur ist das Lot vollständig fest, bis zur Liquidustemperatur breiig und darüber vollständig flüssig. Lote werden definitionsgemäß über die Liquidustemperatur des Lotes in Weichlote und Hartlote unterschieden. Lote mit Verflüssigungstemperaturen unter 450° C werden als Weichlote bezeichnet, solche über 450° C Erweichungstemperatur sind Hartlote. Als Hartlote bezeichnet man eutektische Legierungen, meist auf Silber- oder Kupferbasis. Hartlot eignet sich im Gegensatz zum Weichlot auch für mechanisch stärker beanspruchte Verbindungen.

Hartlotverbindungen weisen unter Umständen eine höhere Festigkeit als die Grundwerkstoffe auf. Kupferhaltige Werkstofflegierungen, wie Bronze, Messing, Tombak, Neusilber sowie Gold und Silber sind sehr gut hart- und weichlötbar. Normale eisen- und nickelhaltige Werkstücke und Hartmetallschneiden z.B. in Steinbohrern, Kreissägen oder Fräser und

Drehmeißel lassen sich ebenfalls sehr gut hartlöten. Edelstähle mit Chrom, Wolfram oder/ und Molybdän sind allerdings oft nur schwierig hartlötbar und meist gar nicht weichlötbar. Hier sind Löttests unbedingt erforderlich, und zwar meist nur mit speziellen Flussmitteln. Die Verarbeitungstemperaturen für Hartlote liegen zwischen etwa 500 und 1.000°C. Als Wärmequellen dienen in unserem Bereich hauptsächlich Propangas-Brenner und Gas/Sauerstoff-Geräte. Während die reinen Gasbrenner aus der Umgebung Luft zur Verbrennung ansaugen und eine Flammwärme von 1.800°C entwickeln können, haben Gas/Sauerstoffanlagen in der Flammenspitze eine Wärme von über 3.000°C. Bei Gasleitungen in denen Kupferrohr-Fittinge Verwendung finden, ist Hartlötung zwingend vorgeschrieben. Im Kapitel 14 wird eingehend darauf hingewiesen. Bevor wir nun zu den unterschiedlichsten Hartloten kommen, sollen dennoch einige Worte zu den Weichloten gesagt werden. Das Buch trägt zwar das Hartlöten im Titel, dennoch ist mit der Flamme auch z.B. Dünnblech weichlötbar und deshalb einige Sätze zum Weichlot. Man denke an das Löten von Konservendosen oder Wasserleitungen, die mit dem richtigen Lot und der Flamme weich gelötet werden. Weichlotverbindungen weisen gegenüber Hartlotverbindungen nur mäßige Festigkeiten auf. Verwendung finden sie vor allem in der Elektrotechnik, Elektronik, in der Hausinstallation und im Kunstbereich in der Bleiverglasung von Fenstern und Tiffany-Lampen und Bildern. Die am häufigsten verwendeten Weichlote sind Zinnlote, es sind Legierungen hauptsächlich aus Zinn und Blei mit geringen Anteilen an Eisen, Antimon, Kupfer und Nickel. Der Schmelzpunkt von Zinnloten liegt unter 300°C.

Verwendet werden Zinnlote mit einem Zinnanteil von:

- 20-40% = Verbindung von Kupferrohren
- und Bleikabeln
- 50% = Feinlöten von Blechen
- 60% = Verbindung von elektr. Leitungen und Leiterplatten
- 90% = Verlöten von Konservendosen

Die sogenannten Röhrenlote, man sagt auch Radiolot oder Elektroniklot dazu, weisen eine eingearbeitete Seele aus organischen, säurefreien Harzen u. a. Kolofonium auf, welche beim Lötvorgang als Flussmittel wirken. Wegen der guten technischen Eigenschaften und Beherrschbarkeit und des niedrigen Schmelzpunktes enthält eine Reihe von Loten Blei. Die aktuelle Rechtslage, insbesondere in der EU, wegen der Probleme beim vollständigen Recycling, gebietet möglichst bleifreie Lote zu verwenden. Bleifreie Lote haben einen weniger universellen Einsatzbereich und bringen Probleme wie Verspröden und Whiskerbildung mit sich. Bei der Fertigung von elektrischen Baugruppen für Medizintechnik, Sicherheits- und Bahntechnik, der Luft- und Raumfahrt und auch in der Feuerwehrtechnik können bleihaltige Lote weiterhin Verwendung finden. Seit Juli 2006 dürfen jedoch, z.B. in der Unterhaltungselektronik oder Funkfernsteuerungen, keine bleihaltigen Lote verarbeitet werden. Man setzt nun bleifreie Zinnlegierungen mit Kupfer und Nickel ein, die allerdings sehr teuer sind. Als Alternative wird eine preisgünstigere Zinnlegierung mit Kupfer und Silber z.B Sn95,5 Ag3,8 Cu0,7 mit einer Schmelztemperatur von 220°C angeboten. Außerhalb Europas versucht man gerne, das Blei durch Wismut zu ersetzen. Im privaten Bereich, also von uns Hobbylötern oder bei Bleiakkumulatoren dürfen bleihaltige Lote weiterhin verwendet werden.

Kommen wir nun zum Kernpunkt dieses Kapitels, den Hartlotstäben, Hartlotpasten und den von uns weniger verwendeten Hartlotblechen (Folien oder Bänder). Wir unterscheiden sie in Silberlote, Messinglote und Phosphorlote. Diese Lote werden erst im Allgemeinen behandelt und danach werden einige, ausgesuchte Lötstäbe im speziellen vorgestellt, das kann aber nur mit den Produkten einer bestimmten Firma erfolgen. Die Fa. Degussa, Felder oder Castolin-Eutectic sind nur einige Beispiele die Lotmaterialien anbieten. Um auch Einzelstäbe zu beziehen, sollten wir uns vertrauensvoll an den einschlägigen Schweißbedarfshandel wenden. Dort bekommen wir auch eine gewisse Beratung, sollten eventuell Probleme auftreten. Durch den sprunghaften Anstieg der Rohstoffpreise von Edelmetallen ist der Lotdraht ebenfalls sehr teuer geworden. Herstellerfirmen bieten das Lotmaterial meist in kg-Gebinden an. Diese sind oft in schönen Kunststoff-Behältern abgepackt, welche sich sehr gut zur Lagerung eignen. Will man aber so ein Paket erwerben, so wird sehr schnell die Haushaltskasse gesprengt und nur im Hobbybereich würde eine Lagerung über Jahrzehnte ausreichen. Zur Lagerung sei erwähnt, dass gerade flussmittelumhüllte Lotstangen immer trocken und möglichst in einem geheizten Raum gelagert werden. Bei Lagerung in hoher Luftfeuchtigkeit neigt das umhüllte Flussmittel dazu, die Feuchtigkeit aufzunehmen. Schon bei der Entnahme aus der Verpackung kann das Flussmittel ganz leicht abplatzen. Je nach Lötvorhaben sollte man abschätzen, ob man 1-, 1,5- oder 2-mm-Stäbe wählt, Überlappungen ziehen mehr Lot als Punkt- und Stoßverbindungen. Wollen wir z.B. zwei Stangen von nur 2 mm Durchmesser im 90°-Winkel löten, würde auch nur ein Tropfen geschmolzenen 2-mm-Lotes die kleine Stelle mit Lot überschwemmen, welches hinterher mühsam wieder entfernt werden muss. Haben wir uns ein „Lager" mit drei bis fünf Stangen zugelegt, werden wir die meisten unserer Lötarbeiten ausführen können, gehen diese zur Neige können wir uns immer, so nach und nach, ein gewisses Kontingent an Stäben unterschiedlichster Durchmesser zulegen. Nichts wäre schlimmer, als dass wir wegen Lotmangels die auszuführende Arbeit unterbrechen müssten. Auch diese geringen Mengen kann man wirklich nicht als billige Ware bezeichnen und man sollte immer sparsam damit umgehen. Ein Reststück kann man immer noch mit einer Zange halten, will man sich nicht die Fingerkuppen verbrennen und auch dieses kleine Reststück kann an einen neuen Stab angelötet werden. Wichtig ist, dass man nur Lötstäbe kauft, bei denen Zusammensetzung, also die Legierung, in %-Werten angegeben ist und auch die Arbeitstemperatur mitgeteilt wird. Haben wir mit einem Hartlot, sagen wir mal ein Silberlot, welches nach DIN EN 1044 mit L-Ag 40 Sn oder neuerdings nach ISO 3677 mit B-Ag 40 Cu Zn Sn 650/710 bezeichnet ist, gute Erfahrung gemacht, ist es unwichtig, von welcher Firma wir dieses Lot beziehen. Die Norm gibt uns die Sicherheit, dass immer die gleichen Gewichtsanteile enthalten sind.

Im besagten Lot sind folgende Gewichtsanteile vorhanden:

- Ag 40% > Silber
- Cu 30% > Kupfer
- Zn 28% > Zink
- Sn 2% > Zinn

Es hat eine Solidustemperatur von 650°C und eine Liqudustemperatur von 710°C, die Arbeitstemperatur wird dazwischen mit 690°C angegeben. In dieser Legierung ist kein Cd angegeben, es handelt sich demnach um ein cadmiumfreies Lot und kann bedenkenlos zur Trinkwasserinstallation verwendet werden. Die Zugfestigkeit wird mit 400 N/mm^2 angegeben. Ein Kriterium von Silberloten ist: Je höher der Silbergehalt, je niedriger die Arbeitstemperatur und auch die Zugfestigkeit. Überwiegt dagegen der Kupferanteil steigt die Arbeitstemperatur und die Zugfestigkeit erhöht sich. Allgemein betrachtet kann als Faustregel gelten: Zum Hartlöten von Stahl, Kupfer, Kupferlegierungen haben sich Lote mit einem Silbergehalt von 30 bis 55% bestens bewährt, das geeignete Flussmittel vorausgesetzt. Es gibt aber auch Silberhartlote mit sehr hohem Silberanteil und mittlerem Kupferanteil sie enthalten weder Cadmium, Zink und Nickel, ein Lot nach ISO

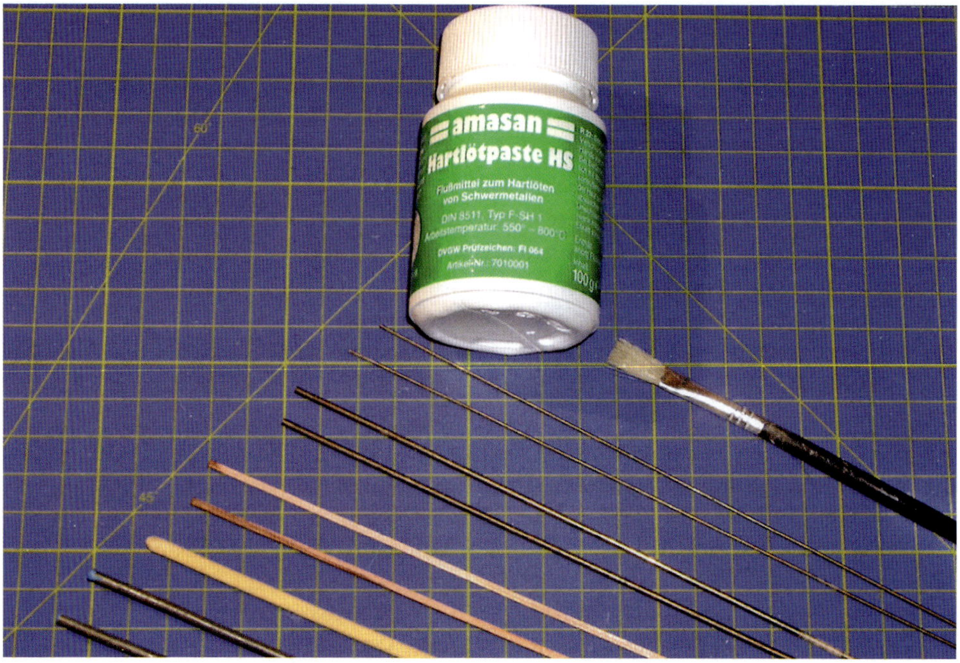

Lötmaterial von oben nach unten: Flussmittel HS zum Hartlöten von Schwermetallen, kleiner Pinsel zum Auftragen des Flussmittels, zwei Stück Silberhartlot 1 mm mit 56% Silberanteil, zwei Stück Silberhartlot 2 mm mit 38% Silberanteil, zwei Stück Phosphor-Kupferhartlot 2 mm mit 18% Silberanteil, ein Stück flussmittelumhülltes Silberhartlot 2 mm mit etwa 38% Silberanteil, zwei Stück Silberhartlot 3 mm mit etwa 38 % Silberanteil

Bezeichnung B-Ag72 Cu 780 hat folgende Gewichtsanteile 72% Ag Rest Cu, es hat eine Arbeitstemperatur von 780°C und ist unter anderem geeignet zum Löten von Edelstählen. Will man damit Edelstahl löten, ist eine Probelötung mit dem zu verwendeten Edelstahl, diesem Lot und dem passenden Flussmittel unbedingt notwendig. Ich habe z.B. mit diesen Materialien Kleindampfkessel für Modellschiffe mit 0,75 l Wasserinhalt erfolgreich gelötet und auch die Wasserdruckprüfung durchgeführt.

Betrachten wir nun die von uns zu verwendeten Lote im Allgemeinen. Universallote, die für alle Werkstoffe gleichermaßen zu verwenden sind, gibt es nicht. Es gibt Hunderte von unterschiedlichen Legierungen, alle hier aufzuführen, ist nicht möglich und auch nicht gewollt. Um auch nicht unnötige Verwirrung zu erzeugen, sollen einige wichtige genügen. Die meisten Lötarbeiten werden sicherlich mit Silberlot ausgeführt. Dieses Lot kann man schon fast als Universallot bezeichnen. Silberlote sind Legierungen aus Silber, Kupfer, Zink und Cadmium mit geringen Anteilen an Mangan und Nickel. Die Verarbeitungstemperatur liegt bei ca. 600 bis 850°C. Mit steigendem Silbergehalt sinkt die Verarbeitungstemperatur. Silberlote fließen leichter als Messinglote und werden bei Stahl, Hartmetallen, Kupfer und Kupferlegierungen, Nickel und Nickellegierungen sowie Temperguss und zum Teil Edelstahl und dessen Verbindung untereinander verwendet. Es gibt zwei unterschiedliche Merkmale, nämlich Silberlot **mit** Cadmiumzusatz und Silberlote **ohne**

Cadmiumzusatz. Cadmium ist nun im Allgemeinen als gesundheitsgefährdend und krebserregend eingestuft worden. Cadmiumhaltige Akkus sind mittlerweile für den allgemeinen Gebrauch aus dem Verkehr gezogen worden. Tabakrauchen führt zu einer erheblichen zusätzlichen Belastung mit Cd im menschlichen Körper. Die im Tabakrauch enthaltenen Cd-Verbindungen haben wahrscheinlich einen bedeutsamen Anteil an der krebserregenden Wirkung des Rauchens. Rauchen ist und wird auch nicht verboten, somit sind auch noch cadmiumhaltige Lote auf dem Markt. Es muss nun jeder selbst entscheiden, genau wie beim Rauchen, ob er cadmiumhaltige Lote verwendet oder nicht. Cadmiumhaltige Lote weisen meist eine geringere Arbeitstemperatur, es liegt am niedrigen Schmelzpunkt des Cadmiums von 321°C. Wenden wir uns nun den Messingloten zu. Mit dem Begriff „Messinglot" geht nach meiner Meinung die Unsicherheit und Unwissenheit unter den lötwilligen Mitmenschen erst richtig los. Die meisten unter uns sind keine Metallurgen und kennen auch die Zusammensetzungen und Legierungen der unterschiedlichen Lotstäbe nicht. Nach logischer Betrachtungsweise bedeutet Messinglot doch eigentlich, dass damit Messing gut gelötet werden kann. Genau das Gegenteil ist der Fall! Also Vorsicht, wenn Messinglot auf der Packung steht. Ich möchte versuchen, mit einer kleinen fiktiven Geschichte der Problematik auf den Grund gehen und oft artet so eine Geschichte in pure Tatsache aus.

Begeben wir uns mit Herrn Mustermann, der das Hartlöten probieren will, in einen Einkaufstempel, auch Baumarkt genannt, zum Kauf besagter Artikel. Herr Mustermann hatte sich vorher beim Fachhandel telefonisch nach den Preisen von Lotstäben erkundigt, er erfuhr einen Preis für einen Silberlotstab 1 mm/500 mm lang von 4,80 €. Für solch ein Stückchen Draht dieser Preis, der spinnt wohl dachte Herr M.

Flussmittelumhüllter Silberhartlotstab, angesetzt an einen Auspuffflansch mit Abgasrohr aus Nirosta-Material für einen Modellflugzeugmotor Hierbei war besonderes Flussmittel erforderlich

Nun wollte er im Baumarkt zuschlagen. Er fand auch sofort eine Gaskartusche mit Brenner, fein säuberlich in einer Blisterverpackung eingeschrumpft. 1.750°C Flammtemperatur steht auf der Verpackung, das muss aber reichen. „Wann schmilzt eigentlich Messing, denn das will ich ja löten." Nach intensivem Suchen wurde eine weitere Blisterpackung mit Lotstäben gefunden, fünf Stück sind da vorhanden, auch noch dicker als die 1 mm vom Fachhandel und sogar zwei Stück mit Flussmittelumhüllung. Aber das Tollste ist, es steht Messinglot drauf und sie sind nicht viel teurer als das eine, nur 1-mm-Stück. Ein Verkäufer kam gerade den Gang entlang geschlendert. „Den frag ich mal nach der Schmelztemperatur der Lotstäbe." „Kann ich Ihnen auch nicht sagen, denn es sind ja unterschiedliche Stäbe in der Verpackung". Er solle aber unbedingt noch ein Fläschchen Flussmittel dazukaufen. Das mag ja verkaufstechnisch so in Ordnung sein, mit Beratung hat das aber nichts zu tun. Noch mal einen Blick durch das Regal getätigt, da waren noch Anzünder, lange und kurze Brenner, Druckminderer und Schläuche. Nein das brauchst du alles nicht." Und so wurde, wohlgestimmt, mit der Gewissheit dem Fachhandel ein Schnäppchen geschlagen zu haben, die Heimreise angetreten. Zu Hause angekommen sollte auch sofort ein Teststück gelötet werden. Im Nachhinein blieb es beim „sollte". Ein Stück Messingwinkel 15×15 mm wurde in den Schraubstock gespannt und darauf sollte ein kleines Stück Blech, mit einer Gripzange im 90°-Winkel befestigt, angelötet werden. Mit dem Pinsel wurde rundherum um die Lötkante Flussmittel angebracht. Der Brenner wurde nun auf die Kartusche geschraubt und das Ventil geöffnet. Mit einem Feuerzeug wurde der Gasfluss gezündet, aber der Finger wurde bedenklich heiß – hätte Herr M. doch den Anzünder mitnehmen sollen? Nun wurde die Flamme immer schön an der Lötfuge entlanggeführt. Es liegt in der menschlichen Natur, wenn man auf etwas wartet, dauert es eine Ewigkeit. Auf jeden Fall konnte das Messing nicht auf Löttemperatur gebracht werden und auch der Lötstab zeigte keinerlei Anzeichen, sich zu verflüssigen. Total frustriert wurde nach fast leerer Kartusche, natürlich war der Schraubstock schön warm, die Zange konnte man nicht mehr anfassen, der Versuch abgebrochen mit der Gewissheit: Etwas wird da falsch gemacht! Diese Geschichte ist zwar etwas überspitzt dargestellt, aber sie trifft den Kern des Problems.

Der Begriff Messinglot gilt ausschließlich für die Zusammensetzung, also die Legierung des Lotes. Messinglote sind Legierungen aus Kupfer und Zink mit geringen Zusätzen von Silber, Silizium, Zinn und Mangan. Die Verarbeitungstemperatur liegt zwischen 800 und 1.000°C und damit bei weitem höher als Silberlot. Mit steigendem Kupfergehalt erhöht sich der Schmelzpunkt aber auch die Festigkeit. Messing ist kein gewonnenes Metall, Messing ist der Sammelbegriff für eine Gruppe von Legierungen mit den Hauptbestandteilen Kupfer und Zink. Eine ähnliche Legierung aus Kupfer und Zinn wird als Bronze bezeichnet. Die Farbe von Messing ist goldgelb, mit steigendem Zinkgehalt wird sie heller. Eine der am häufigsten verwendeten Messingsorten ist die Legierung CuZn 37, die 37% Zink enthält, früher wurde es Ms 63 bezeichnet, Ms steht für Messing mit 63% Kupfergehalt. Da unterschiedliche Cu und Zn Anteile im Messing enthalten sind, ist auch der Schmelzpunkt unterschiedlich, er schwankt zwischen 900 und 925°C und ist mit steigendem Zinkgehalt sinkend. Nehmen wir nun einen Messinglotstab mit der Bezeichnung nach ISO 3677 B-Cu60 Zn Si, so sind seine Bestandteile 60% Kupfer, 39,7% Zink und 0,3% Silizium. Es hat eine Arbeitstemperatur von 900°C und wird zum Hartlöten von Kupfer, Nickel und Stahl verwendet. Schweißen von Messing und Bronze ist möglich aber eben nur Schweißen und nicht Löten. Als Fazit muss man eindeutig feststellen: **Löten von Messing mit Messinglot ist nicht möglich!** Dies mag im allgemeinen Sprachgebrauch durchaus als widersprüchlich klingen, ist aber in der Metallurgie üblich. Das Abschmelzen und Löten mit Messinglot wird hauptsächlich in der Industrie für hochbeanspruchte Konstruktionen und für möglichst verschleißfeste Teile verwendet. Es kann praktisch nur mit einer Acetylen/Sauerstoff-Anlage verarbeitet werden.

Kommen wir zum Schluss noch einmal auf unseren Herrn Mustermann zurück. Hätte er sich den Silberlotdraht für 4,80 € beim Fachmann gekauft, hätte er sich vorher informiert, sich beraten lassen, dass es so im Schraubstock nicht funktioniert, hätte er sich mit der Materie beschäftigt, sprich dieses Buch gelesen, er hätte mit Sicherheit ein Erfolgserlebnis gehabt, er würde sicherlich nicht als Experte gelten, aber er hätte Spaß an der Sache gefunden, die zu weiteren Arbeiten geführt hätten. Letztendlich hätte er sich nicht über die übriggebliebenen Lotstäbe geärgert, denn die zuerst vermutete Preisgünstigkeit hat sich als Investition herausgestellt, die zum Fenster rausgeworfen wurde.

Wenden wir uns nun wieder einem Lotmaterial zu, das für unser Löten, hauptsächlich von Kupfer gut zu verwenden ist, nämlich dem Kupferhartlot. Es wird auch im Allgemeinen als Phosphorlot bezeichnet, Phosphor hat das chemische Zeichen P. Diese Lote sind ebenfalls Legierungen aus Kupfer und Phosphor, gegebenenfalls mit geringem Silberanteil. Mit diesen Loten ist eine Cu-Cu-Verbindung besonders zu empfehlen, es bedarf auch keiner Flussmittel. Der Phosphor ersetzt praktisch das Flussmittel, es entwickelt auf metallurgischer Basis selbstfließende Eigenschaften. Es ist allerdings nicht mit eisenhaltigen Materialien, wie Kohlenstoff- oder Edelstählen sowie nickelhaltigen Stählen in Verbindung zu bringen. Wird es für die Verbindung von Kupferlegierungen wie Messing, Bronze oder Rotguss eingesetzt, ist das zwar möglich, aber es wird ein spezielles Flussmittel eingesetzt, weil die selbstfließenden Eigenschaften nur bei Kupfer auftreten. Man erhält diese Lote auch unter der Bezeichnung „Silfos“, aus diesem Namen leiten sich Sil für Silber und Fos für Phosphor ab. Es gibt sie meist in quadratischen Stäben von 1,5×1,5-, 2×2- oder3×3-mm. Diese Lote sind allerdings nicht zu verwenden, wenn die Lötnähte und Fugen mit einer schwefelhaltigen Atmosphäre in Verbindung treten. Für uns sind folgende Überlegungen wichtig. Haben wir überhaupt eine schwefelhaltige Atmosphäre zu befürchten und sind die Lötverbindungen sulfidischen Dämpfen oder schwefelhaltigen Gasen ausgesetzt? In einem mir bekannten Fall ist das tatsächlich zu befürchten, nämlich bei der Dampfkesselfertigung von Lokomotiven, Dampftraktoren, Lokomobilen oder auch stationären Kesseln, die mit Kohle geheizt werden. Kohle ist bekanntlich schwefelhaltig und die heißen Gase streichen über die Lötstellen von Feuerbuchse, Flamm- und Rauchrohren. Sind diese mit phosphorhaltigen Loten ausgeführt, sind alle einer mehr oder minder raschen Zerstörung ausgesetzt. Es erfolgt eine selektive Korrosion der Kupferbestandteile im Lotgefüge, das kann sich sehr lange hinziehen, unter Umständen sogar über Jahre. Solche Dampfkessel werden im Feuerbereich immer mit Silberhartlot zu löten sein, somit wird diese kritische Situation umgangen. Haben wir nun Lotstäbe erworben, z.B. nach der EN-Norm 1044, mit der Bezeichnung „CP 105“ hat dieses Lot eine Zusammensetzung von 91,7% Cu, 6,3% P, 2% Ag sie haben einen Schmelzbereich zwischen 650 und 825°C. Der Fließpunkt ist mit ca. 740° C angegeben. Die frühere Bezeichnung dieser Lote: L-Ag2 P. Ich habe mit diesen Loten sehr gute Erfahrungen gesammelt, sie bedürfen zwar etwas mehr Erwärmungsenergie als Silberlot dafür überwiegen aber die schon erwähnten Vorteile. Es wurden etliche Modell-Dampfkessel aus Kupferblech gefertigt, alle Cu-Cu-Verbindungen sind mit Silfos erfolgt. Die Lötung der Anschlussflansche und Gewindestücke, die aus Bronze oder Messing bestehen, sind allerdings alle mit Silberhartlot getätigt worden.

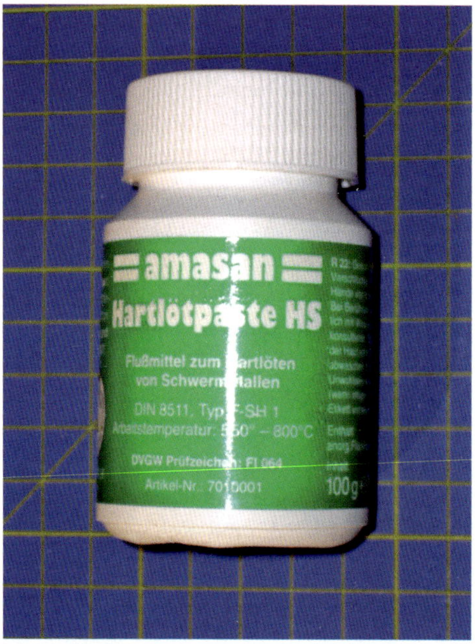

Flussmittel Typ F-SH 1 zum Löten von Schwermetallen, hauptsächlich von Messing, Bronze, Rotguss und Kupfer sowie artverwandte Metalle

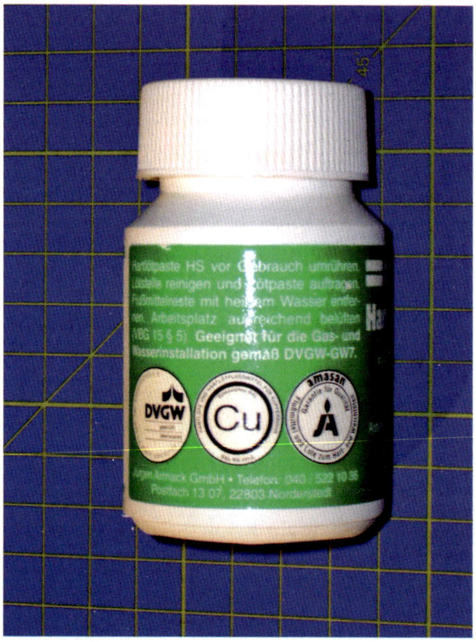

Die Prüfzeichen und Anwendungsbereiche des Flussmittels, z.B. geeignet für die Gas- und Wasserinstallation

Der letzte Teil dieses Kapitels beschäftigt sich mit den Flussmitteln. Diese Zusatzwerkstoffe sind äußerst wichtige Mittel, um erfolgreich löten zu können. Flussmittel sind Zusatzstoffe, die den Schmelzvorgang und die Handhabung geschmolzener Stoffe erleichtern. Flussmittel werden daher bei vielen Verarbeitungsmethoden, z. B. beim Lötprozess zugesetzt. Daneben kommt ihnen auch in diesem Verfahren eine Funktion als Oxidationsschutz zu. In technischen Verfahren, wie Weich- und Hartlöten kommt für Flussmittel eine zusätzliche Reinigungs- und Lösemittelfunktion in Betracht, da oberflächliche Verschmutzungen und Oxyde, die Ausbildung einer metallischen und dauerhaften Verbindung zumindest stören, wenn nicht sogar verhindern können. Zum Wirkprinzip von Flussmitteln sind folgende Sätze zum Verständnis wichtig. Lötungen werden fast ausnahmslos unter Lufteinwirkung ausgeführt. Schon während der Erwärmung der Lötstelle begünstigt der Sauerstoff in der Luft eine Oxydation der Oberflächen. Dies ist eine Tatsache, die keine zuverlässige und erfolgreiche Lötung gewährleisten kann. Die Lötflächen werden mit den Flussmitteln versehen und danach bis zur Liquidustemperatur des Lotes erwärmt, es wird flüssig, es bildet sich eine glasige Schicht. Das Flussmittel entoxidiert während der Erwärmung die Oberfläche der Lotobjekte und verhindert eine erneute Oxidation durch die Erwärmung der Flamme mit Sauerstoff. Es bildet sich eine flüssige Schutzschicht, die zudem die Fließ- und Benetzungseigenschaften des Lotes positiv beeinflusst. Ein weiterer Effekt ist das Verringern der Oberflächenspannung des flüssigen Lotes. Für die unterschiedlichsten Arbeiten, vom Elektroniklot über Aluminium und Edelstahl bis hin zu Arbeiten im Weich- und Hartlötverfahren von Kupferwerkstoffen, Kohlenstoffstählen und reinen Metallen, wie Silber und Gold gibt es Flussmittel mit den unterschiedlichsten Wirktemperaturen. In Spezialfällen, z. B. wenn eine Verunreinigung durch das Flussmittel unerwünscht ist, wird unter Schutzgas oder Vakuum, ohne Flussmittel gelötet. Eine Oxidation wird dadurch wirksam verhindert, allerdings müssen die Lötflächen vorher metallisch blank sein. Flussmittel sind im Umgang nicht ganz ungefährlich, sie sind oft ätzend, enthalten Zinkchloride oder Ammoniumchlorid. Sie enthalten gegebenenfalls Bestandteile, die die Lötflächen von Fett befreien (halogene Kohlenwasserstoffe). Wenn solche Mittel in Kontakt mit der Haut kommen, sollte man sie sofort mit viel Wasser und Seife abwaschen, weil sie die Haut entfetten und auch Bestandteile in die Haut eindringen können. Wenn man sie nicht abwäscht und längere Zeit einwirken lässt, können manche Flussmittel die obere Hautschicht verätzen. Die Haut wird rot und es bilden sich eventuell kleine Bläschen. Nach dem Abwaschen sollte man der Haut etwas Fettsalbe gönnen. Ätzende Spritzer in die Augen zu bekommen, ist äußerst unangenehm und die Folge ist meist ein Arztbesuch. Wir sollten uns angewöhnen, Lötarbeiten generell nicht ohne Schutzbrille auszuführen und es soll schon eine richtige Arbeitsschutzbrille sein, die seitlich und von oben geschlossen ist und zudem ist sie genormt. Eine normale Lesebrille, diese eventuell noch im Halbformat, die reicht da nicht aus. Elektronikflussmittel, z. B. die Flussmittelseele aus Kolophonium, sind gesundheitlich bedenklich, da sie mit der Löttemperatur zur Rauchbildung neigen und diese Dämpfe eingeatmet werden können. Wichtig sind immer gut gelüftete Arbeitsräume. Ich persönlich habe genau vor meinem Arbeitsplatz ein Kellerfenster. Ein Fensterflügel habe ich mit einem Raumluftventilator versehen und diesen mit einer Sperrholzhaube verbunden. Gedacht war diese Einrichtung ursprünglich als Spritzkabine, man glaubt es nicht, wie wirkungsvoll solch eine Ausrüstung den Lötdämpfen den Kampf ansagt. Bestimmte Flussmittel haben auch eine korrosive Langzeitwirkung, die nicht immer durch den Säuregehalt des Flussmittels hervorgerufen werden muss. Eine gründliche Säuberung und Entfettung ist deshalb unumgänglich, dies geschieht oft auf mechanischem Wege durch Hämmern, Kratzen, Schmirgeln oder Bürsten. Sind die Teile nicht zu groß, kann man sie hinterher noch chemisch behandeln, indem man sie in 10%ige Zitronensäure legt und hinterher mit viel Wasser abspült. Ein Flussmittel schmilzt beim Erwärmen der Grundwerkstoffe unterhalb des Schmelzintervalls des Lotes und ist als Indikator für die Solidustemperatur der Zusatzlegierung (Lot) verwendbar. Was ist nun der Indikator, wie stellt er sich in der Praxis dar? Haben wir die kalten Lötstellen mit Flussmittel eingepinselt, zu Beginn unseres Lernprozesses sollte das durchaus mit großzügiger Menge erfolgen, wird die neutrale Flamme langsam an die Lötstelle herangeführt. Ein plötzliches Nähern bis zur Flammenspitze bewirkt ein Wegspritzen und Ablaufen an senkrechten Flächen. Das Flussmittel konnte sich noch nicht verfestigen und mit dem Grundwerkstoff verbinden. Man sollte sich ganz vorsichtig mit dem sichtbaren Flammenende an das Flussmittel, sprich Lötstelle, herantasten. Hat sich das Flussmittel mit dem Grundwerkstoff verbunden, kann mit der vollen Flammenwärme aufgeheizt werden, bis das Flussmittel breiig wird. Jetzt den Lotstab bereithalten, aber noch nicht ansetzen. Mit weiterer Wärmezufuhr wird das Flussmittel „glasig", es schwimmt auf der Fuge. Genau das ist der Indikator um den Lotstab anzusetzen und mit weiterer Wärmezufuhr abzuschmelzen. Einige Verarbeitungshinweise sollen den Umgang mit dem Flussmittel erleichtern. Über saubere Werkstücke ist schon gesprochen worden. Das pastöse oder flüssige Flussmittel wird auf die blanken, kalten Werkstücke und den Zusatzwerkstoff (Lot) aufgetragen. Haben wir pulverförmiges Flussmittel, wird zuerst die Lötstelle angewärmt und dann das Flussmittel aufgestreut. Der Zusatzstab wird ebenfalls angewärmt und in das Flussmittel getaucht. Das Flussmittel haftet an den angewärmten Oberflächen. In Betracht gezogen werden kann auch ein Anrühren zu Pasten oder flüssigen Mitteln. Die meisten, aber nicht alle, Flussmittel können mit Wasser in der Konsistenz verändert werden, somit können auch einige Flussmittel zu Pasten angerührt werden. Wichtig ist, dass man weiß, mit welchem Medium man sozusagen verdünnen kann. Wenn es mit Wasser geht, sollte destilliertes Wasser genommen werden und auch alle pastösen Flussmittel werden vor Gebrauch aufgerührt (homogenisiert), und auf alle kalten Metalle aufgetragen. Alle Flussmittel zum Hartlöten sind im Sättigungsbereich eingestellte Lösungen. Sie neigen zur Kristallisation, was nicht immer vermeidbar, aber für die löttechnische Wirksamkeit bedeutungslos ist. Besonders leicht kann es zur Kristallisation durch Verdunsten im offenen Behälter kommen. Schon zum Schutz der Umgebung und zur Vermeidung von Verlusten sollten die Behälter immer gut verschlossen sein. Ausgehärtete Flussmittelreste, die im Gewinde von Schraubverschlüssen der Behälter haften, sollten von Zeit zu Zeit entfernt werden, damit der Schraubverschluss wieder luftdicht abschließt. Pulverförmige Flussmittel können durch Luftfeuchtigkeit agglomerieren, das Pulver sich also zusammen- oder aneinanderbinden.

Zur Entfernung von Flussmittelresten oder zur chemischen Reinigung der fertig gelöteten Objekte oder zur Zwischenreinigung von Bauteilen und Bauteilgruppen eignen sich Substanzen und verdünnte Säuren, die aber je nach Beschaffenheit der unterschiedlichsten Metalle auch unterschiedlich ausfallen. Das Ansetzen dieser Reinigungsbäder erfordert aber einige sicherheitsrelevante Regeln und Verfahrensrichtlinien. Sehr wichtig ist ein geeignetes Gefäß. Gut zu gebrauchen sind Plastikeimer aus der Malerzunft. Es sind größere, oft ovale Eimer mit Deckel, welche fest und dicht über den Eimerrand gestülpt werden können. Man kann auch einmal an der Würstchenbude nachfragen, da existieren Eimer für Ketchup, Senf und Mayonnaise, ebenfalls mit Deckel.

Ganz wichtig ist die Vorgehensweise zum Ansetzen dieser Reinigungsbäder:

Immer erst das **Wasser** in den Behälter geben, erst danach die **Säure** langsam dem Wasser beimischen!

Macht man das andersherum, kann die Säure explosionsartig aus dem Eimer nach oben spritzen und Haut und Augen verätzen. Mit konzentrierter Schwefel- oder Salzsäure kann innerhalb von Sekunden das Augenlicht verloren gehen. Deshalb auch bei solchen Arbeiten immer eine dichtschließende Schutzbrille aufsetzen. Alle Chemikalien müssen nach Gebrauch in einem Giftmobil oder sonstiger Entsorgungsstelle abgeliefert werden. Diese Flüssigkeiten dürfen auf gar keinen Fall in die Kanalisation gelangen!

Hier nun einige Vorschläge zur Ansetzung von Reinigungsbädern:

- Kupferwerkstoffe: 10%ige Schwefelsäure in etwa 40°C warmem Wasser; Tauchzeit: ca. 10 Minuten.
- Eisenwerkstoffe: 15%ige Salzsäure in etwa 40°C warmem Wasser; Tauchzeit: ca. 10 Minuten.
- Nichtrostende Stähle: 45 Gewichts-Anteile Salzsäure, 5 Gewichts-Anteile Salpetersäure, 50 Gewichts-Anteile destilliertes Wasser bei 40°C; Tauchzeit: ca. 10 Minuten.
- Aluminiumwerkstoffe: 10-20%ige wässrige Ätznatronlauge in 50°C Badtemperatur, 1 bis 2 Minuten Tauchzeit und danach eine Neutralisation durch kurzzeitiges Eintauchen in ein 20-30%iges Salpetersäurebad.
- Alle Werkstoffe: Abschrecken aus der Lötwärme heraus in 90°C warmem Wasser, ohne jegliche Säuren; ein Zusatz von Netzmitteln, z.B. Spülmittel ist ratsam; danach trocknen und abbürsten.

Der Lötprozess

Im Kapitel über das Lötverfahren haben wir zum Begriff „Löten" folgendes gelesen: Löten ist ein stoffschlüssiges Fügeverfahren von metallischen Werkstoffen. Mit fachgerechtem Weich- oder Hartlöten erzielt jeder Installateur eine sichere, feste und bewährte Verbindung. Durch das Löten werden mindestens zwei oder mehrere Werkstücke dauerhaft verbunden. Dieses geschieht mit Lot und Flussmittel unter Zuhilfenahme von Wärme. Bei richtiger Arbeitsweise werden die Grundwerkstoffe angewärmt und mit der weiteren Wärmezufuhr wird das Lot verflüssigt und benetzt die Oberfläche. Das Lot breitet sich aus und verbindet. Die Arbeits-

Eine weiche Flamme mit dem Mehrlochbrenner von Greggersen während des Lötens einer Halterung für die Propangasflasche zum Umfüllen an der Gerätesäule

temperatur oder Löttemperatur ist die niedrigste Oberflächentemperatur des Werkstückes im Bereich der Lötstelle, bei der sich das Lot benetzen, ausbreiten und am Grundwerkstoff haften kann. Das bedeutet: Sowohl das Lot als auch die beiden zu verbindenden Grundwerkstoffe müssen beim Lötvorgang mindestens diese Temperatur erreichen. Anders ausgedrückt: Die Arbeitstemperatur ist immer höher, als die Solidustemperatur des Lotes. Sie kann aber unterhalb oder oberhalb seiner Liquidustemperatur liegen oder mit ihr zusammen, auf gleicher Höhe liegen.

Welche Werkstoffe können nun gelötet werden? Im Grunde sind alle metallischen Werkstoffe lötbar. Löten ist somit die Verbindungstechnik, mit der man auch verschiedenartige Werkstoffkombinationen stoffschlüssig, ther-

Im Prinzip ist immer Flussmittel erforderlich, es soll immer reichlich an die Lötstelle gebracht werden

Die gelötete Halterung an die Versorgungssäule montiert

misch verbinden kann. Als Fazit ist aus diesen physikalischen Betrachtungen zu schließen: Löten ist ein stoffschlüssiges Verfahren zum sicheren und dauerhaften Verbinden von z. B. Kupfer, Rotguss, Bronze, Messing und Stahl. All diese Werkstoffe sind untereinander und miteinander im Hartlötverfahren dauerhaft zu verbinden. Eine geeignete Wärmequelle ist eine der wichtigsten Voraussetzungen, um erfolgreich eine qualitativ einwandfreie Lötstelle zu erzeugen. In den allermeisten Fällen werden wir hierfür Lötgeräte mit offener Flamme verwenden. Da Kartuschen-Lötgeräte immer nur mit Kompromissen betrieben werden können, gebrauchen wir am vorteilhaftesten Gas/Sauerstoff-Lötgeräte. Sie werden, je nach Gasart, mit unterschiedlichen Brennern betrieben, z.B. Propan-Sauerstoff-Brenner oder Acetylen-Sauerstoff-Brenner. Wie wir schon gelesen haben, ist der Sauerstoff für die hohe Flammentemperatur von über 3.000°C verantwortlich. Der Brenner und die Brenngasgemische sollen so gewählt werden, dass die zu verbindenden Teile innerhalb kürzester Zeit über die gesamte Spaltfläche gleichmäßig auf Löttemperatur erwärmt werden können. Eine schonende Erwärmung wird durch das Einstellen einer weichen, reduzierten Flamme erreicht. Auf eine weiche oder harte Flamme wird später noch hingewiesen. Was bedeutet nun, die Löttemperatur innerhalb kurzer Zeit in die zu lötenden Teile hineinzubringen? Grundsätzlich müssen wir abschätzen, ob wir größere, materialintensive Konstruktionsteile oder nur dünne Bleche oder Rohre löten wollen und demzufolge die Brennergröße auswählen. Beim Anwärmprozess sollen immer die größeren Teile als Erstes mit der Flamme angewärmt werden. Sind sie auf Löttemperatur gebracht, haben meist im äußeren Flammenbereich die kleineren Teile schon eine gewisse Wärme mitbekommen und es bedarf nur noch einer Angleichung der Wärme, um mit dem Abschmelzen des Lotes zu beginnen. Hat man schon etwas Erfahrung im Hartlöten gesammelt, wird man sich über die Brennergröße keine Gedanken mehr machen, man nimmt dann schon automatisch die richtige. Beginner oder unerfahrene Lötanfänger sollten lieber einen größeren Brenner wählen, um nicht an der Lötnaht herumschmoren zu müssen.

Wird nun zum Löten immer Flussmittel benötigt? Im Prinzip: Ja. Die Ausnahme bilden Kupfer-Kupfer-Verbindungen, die mit phosphorhaltigen Loten gelötet werden können. Sie benötigen kein Flussmittel, der Phosphor, der in diesen Legierungen vorhanden ist, übernimmt die Fließeigenschaften. Flussmittel sind Lösemittel, die Metalloxyde auflösen und die Lötstelle von Oxydhäuten freihalten. Sie beseitigen sozusagen die Oxydhäute und bilden eine Schutzschicht, einen flüssigen Schutzschirm, unter dem sich das flüssige Lot ausbreiten kann. Wir wissen ja, Lote benetzen, verlaufen und binden nur auf metallisch reinen Oberflächen. Die Auswahl der Flussmittel wird bestimmt durch die Grundwerkstoffe und die Temperatur des eingesetzten Lotes. Die Flussmittel müssen tiefer schmelzen als die Lote, für die sie bestimmt sind, da sie vor dem Abschmelzen des Lotes die Lötflächen präpariert haben müssen. Aus diesem Grunde gibt es keine universellen Flussmittel. Die Schmelztemperatur des Lotes und Wirkungstemperatur des Flussmittels müssen immer aufeinander abgestimmt sein. Es liegt eindeutig auf der Hand, dass ein Flussmittel für Silberlot, welches bei 630°C seine Solidustemperatur hat, das Flussmittel demnach etwa bei 580°C flüssig sein muss, sich nicht für z.B. Messinglot mit einer Arbeitstemperatur von 900°C eignet. Wird die Solidustemperatur von 900°C bei Messinglot erreicht, also anfängt flüssig zu werden, ist das Flussmittel längst verbrannt und liegt als dunkles Pulver auf der Lötnaht. Die Oberfläche ist schon längst wieder mit einer Oxydationsschicht behaftet, es kann keine Benetzung mehr erfolgen. Hierbei sieht man ganz deutlich, dass unterschiedliche Flussmittel, mit unterschiedlicher Wirktemperatur einzusetzen sind. Sind solche oder ähnliche Arbeitspraktiken angesagt, sollten wir unbedingt den Schweißfachmann um Rat und Hilfe bitten. Das Flussmittel kann diese Aufgabe nur dann einwandfrei erfüllen, wenn es:

1. Etwa mindestens 50°C tiefer schmilzt als das Lot.
2. Einen dichten, gleichmäßigen Flussmittelüberzug auf der gesamten Lötfläche bildet und dieser während der gesamten Lötzeit erhalten bleibt.
3. Nicht zu lange vor dem Schmelzen des Lotes der Wärme ausgesetzt wird, da die Wirkdauer begrenzt ist.

Grundsätzlich kann man sagen, dass Hartlotverbindungen in hohem Maße belastbar sind. Zerreißproben haben gezeigt, dass bei Kupferrohren der Grundwerkstoff gerissen ist, die Lötnaht aber diesen Belastungen standhielt.

Wenden wir uns nun den praktischen Vorgehensweisen zu, um erfolgreich zu löten. Hierbei möchte ich nicht nur die Dinge, die wir unbedingt einhalten sollten, sondern auch die Fehler aufzeigen, die tunlichst vermieden werden müssen. Ein schlechtes Beispiel war unser Herr Mustermann, das war der vom Baumarkt. Er hat so ziemlich alles falsch gemacht, was überhaupt falsch zu machen war. Außer den falschen Loten hat er die falsche Wärmequelle gewählt, er hat zur Wärmeableitung den großflächigen Schraubstock gewählt und zu guter Letzt hat er die Lötstelle nicht gesäubert. Mit dem Säubern der Lötfuge oder dem Lötspalt beginnt jede gute Lötarbeit. Eine nicht gesäuberte und mit Flussmittel behandelte Oberfläche stößt das Lot ab, wie der Ostfriesennerz die Wassertropfen. Das führt denn zu den gefürchteten Lötorgien mit Unmengen an Flamme und herabfallenden Lotperlen, weil man einfach nicht glauben will, dass das Zeug nicht haften will. Also, es ist unabdingbar, der erste Arbeitsschritt ist immer eine Reinigung der Lötstelle, der Lötfuge oder des Lötspalts. Das geschieht mechanisch am besten mit der Feile oder dem Schmirgelleinen. Ist dies erfolgreich geschehen, sollten diese Stellen nicht mehr mit den Fingern berührt werden, der Handschweiß verursacht sofort eine erneute, wenn auch geringe Oxidation. Sind Lötfugen vorhanden, sollten sie ganzflächig mit Flussmitten bestrichen werden, erst danach mit geeigneten Hilfswerkzeugen eine möglichst stabile Ausrichtung der einzelnen Werkstücke anstreben sowie an Spalten und Flächen reichlich Flussmittel auftragen. Jetzt kommt der Augenblick, an dem die Sache anfängt in die konkrete Phase zu treten, die Flamme wird gezündet. Als Erstes sind die Ventile am Handstück leicht zu öffnen und sofort wieder zu schließen, wir spülen sozusagen die Schläuche, um eventuelle zündfähige Gemische auszublasen. Die notwendige Reihenfolge des Zündvorganges ist einzuhalten. Die Ventile am Handstück werden nur leicht geöffnet, und zwar **als Erstes das Sauerstoffventil** man hört

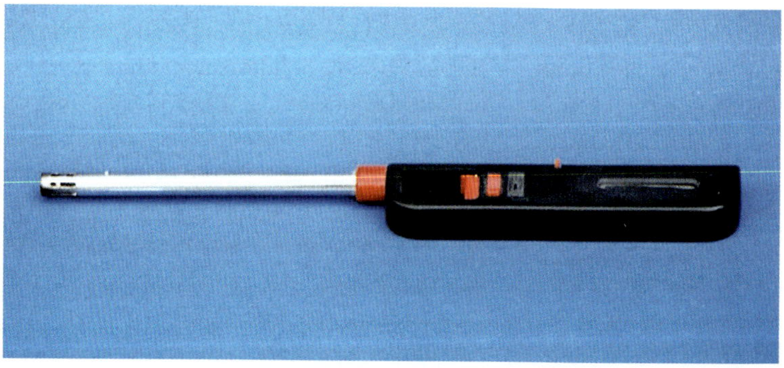

Typischer langer Gasanzünder

Superfeine Flammenspitze mit dem Greggersen-Nadeldüsen-Einsatz

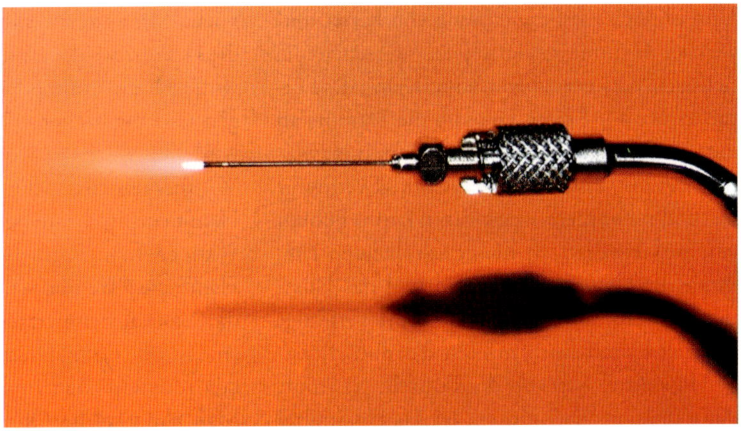

Mehrflammeinsatz mit dem sogenannten „Brausekopf"

es am leichten Fließgeräusch des Gases. Danach öffnen wir das Gasventil und die Zündung mit einem Anzünder soll möglichst schnell erfolgen, d.h. in der einen Hand befindet sich der Anzünder, währen mit der Anderen das Ventil langsam geöffnet wird. Herr Mustermann hat das mit einem Feuerzeug gemacht und sich fast die Finger verbrannt, wir machen das mit einem geeigneten Anzünder oder mit einem langen Gas-Feuerzeug.

Nun wird die Flamme mit den Handstück-Ventilen eingestellt. Eine saubere blaue Flammenspitze am Düsenaustritt zeigt eine korrekte Flamme. Hierbei sollten wir am Anfang ruhig einmal etwas experimentieren, indem wir das Sauerstoffventil langsam weiter öffnen und wieder mindern, wir sehen, wie sich das Flammenbild verändert und auch das Strömungsgeräusch ändert sich. Öffnen wir das Sauerstoffventil weiter, bildet sich eine schärfere, **harte** Flamme. Das kann soweit führen, dass sogar die Flamme durch den Sauerstoffüberschuss erlischt. Haben wir nun eine schöne gleichmäßige Flammenspitze eingestellt, sprechen wir von einer neutralen Flamme, mit der man ausgezeichnet löten kann. Zum Aufwärmbeginn sollten wir aber eine **weichere** Flamme bevorzugen. Wir drosseln etwas das Sauerstoffventil und spüren auch am Geräusch einen verminderten Gasfluss, die Flammenspitze wird etwas länger.

Nun ist auch die Bezeichnung von harter und weicher Flamme geklärt, jetzt herrschen die richtigen Voraussetzungen zum Beginn des Lötprozesses. Wir führen langsam die Flamme an die kalte Lötstelle heran und verharren im weiten Abstand, bis sich das Flussmittel verfestigt hat und nicht mehr wegspritzen kann. Führen wir im Gegensatz zu dieser schonenden Methode die Flammenspitze sofort an das Flussmittel heran, ist dieses noch nicht verfestigt und der Flammenstrom bläst das noch flüssige Flussmittel weg von der Lötstelle, es tropft dann meistens nach unten. Ist das Flussmittel verfestigt, führen wir die Flamme etwas näher an die Lötfuge heran um mehr Wärme in das Material zu befördern, das geschieht so lange, bis sich das Flussmittel verflüssigt und glasig auf der Lötstelle schwimmt. Genau jetzt ist der Augenblick gekommen, das Lot an die Fuge zu bringen. Der Lötstab wird im Flammenstrahl etwas angewärmt, in den Behälter mit Flussmittel getaucht und danach genau an die Fuge angesetzt. Mit der wieder reduzierten Flamme wird nun etwas Lot abgeschmolzen, bildet sich an der Fuge eine kleine Kugel von Lot, ist das weiter nicht schlimm, wir haben eben die Solidustemperatur des Grundmaterials und die Liquidustemperatur des Lotes noch nicht ganz erreicht. Mit weiterer Wärmezufuhr, hierbei kann die Flamme wieder etwas näher geführt werden, wird sich die Lotkugel in den Spalt verflüchtigen und mit weiterer Wärme- und Lotzufuhr wird schließlich der Spalt oder die Fuge gefüllt. Wir merken uns: Gelötet wird niemals mit der Flammenspitze, entscheidend ist immer nur die Wärmezufuhr. Schmelzen wir das Lot mit der Flammenspitze überschreitet man sehr schnell die Liquidustemperatur. Das Lot verbrennt, eine spröde dunkle Lötnaht ist entstanden, die den mechanischen Ansprüchen nicht genügt. Man kann solche Objekte eigentlich nur der Schrottkiste anvertrauen, denn eine Nachlötung ist nicht möglich. Nach dem Erkalten muss die Lötnaht glatt und glänzend aussehen. Man merke sich: Mit der Flammenspitze wird nur geschweißt, niemals gelötet. Sofort nach dem Erstarren der Lötung kann das noch warme Teil abgeschreckt werden. Um Spannungsrisse im Gefüge zu umgehen, muss das Wasser angewärmt, ja es kann sogar heiß sein. In diesem Abschreckungsprozess werden die meisten Flussmittelreste von der Oberfläche abgelöst. Flussmittelreste können mechanisch entfernt werden oder chemisch behandelt werden.

Bleiben wir nochmals beim Zündvorgang. Eine Unsitte ist öfter festzustellen, indem das

Die Halterung nach dem Lötprozess

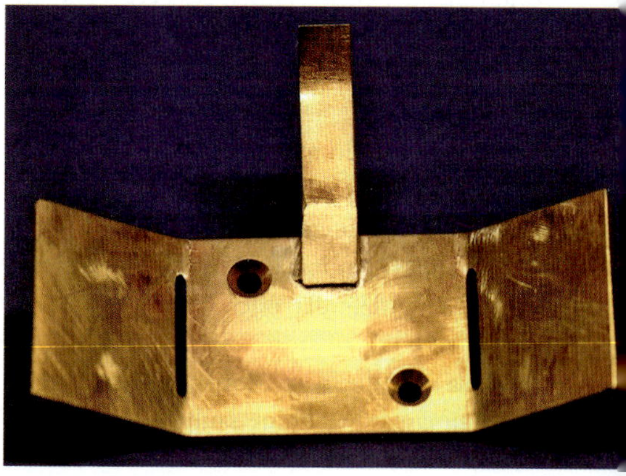

Dieselbe Halterung nach der chemischen Behandlung im Zitronensäurebad

Brenngas zuerst geöffnet wird, dann gezündet und danach erst das Sauerstoffventil geöffnet wird. Das kann zum Flammenrückschlag und zu schweren Explosionen führen. Das Zünden ist ein sicherheitsrelevanter Vorgang, deshalb möchte ich ihn nochmals in Stichpunkten erwähnen. Auch auf die Gefahr hin, mich zu wiederholen, sollte man sich die Reihenfolge genau einprägen. Sie muss in Routine übergehen und bedarf dann keiner Überlegung mehr, hier nochmals die vier Punkte die eingehalten werden müssen:

1. Das Sauerstoffventil öffnen
2. Das Brenngasventil öffnen
3. Das strömende Gasgemisch zünden
4. Die Flamme nach gewünschter Intensität einstellen

Wenn die Flamme nur abknallt, ist meist der Sauerstoffdruck zu hoch, wenn auch manchmal nur geringfügig. Brennt die Flamme stark rußend, ist der Sauerstoffdruck zu niedrig. Ist dieses der Fall, muss man die Brennerventile sofort schließen, und zwar in umgekehrter Reihenfolge, erst das Gas dann den Sauerstoff. Eventuell die Ausgangsdrücke an den Reglern der Druckminderer nachjustieren. Zur Grobeinstellung der Gasdrücke, die schließlich an den Handstücken ankommen, sind folgende Richtwerte einzustellen:

- Brenngas: 0,5 bar
- Sauerstoff: 2,0 bar

Mit diesen Druckeinstellungen sollte eine erste Zündung erfolgreich auszuführen sein. Mit dem Wechseln der Brennergrößen können sich durchaus die Drücke ändern, meistens jedoch nur im Sauerstoffbereich. Verwenden wir sogenannte Micro-Brenner mit Düsengrößen zwischen 0,5 und 1 mm für feinste Arbeiten, wirkt sich ein erhöhter Sauerstoffdruck negativ beim Zündvorgang des Gasgemisches aus. Sauerstoff ist allein ja nicht brennbar, überwiegt der Sauerstoffdruck an der Brennerspitze wird sich das Gemisch nicht zünden lassen. Der Sauerstoffdruck kann sogar unter 0,5 bar eingestellt sein. Feinste Einstellungen an den Handstück-Ventilen sind erforderlich um ein gutes Flammenbild zu bekommen.

Bevor wir nach dem erneuten Justieren der Drücke die Gase wieder zünden, sollten die Schläuche und besonders die Mischkammer im Handstück durch Öffnen des Sauerstoffventils gespült werden, denn ein Abknallen ist nichts anderes als eine Verpuffung, die Rückstände von Brenngas hinterlässt. Bei solchen feinen Lötarbeiten ist ein sogenannter Gassparer von Vorteil. Der Gassparer ist eine zusätzliche Sicherheitseinrichtung für festeingerichtete Autogen-Arbeitsplätze. Es ist ein Absperrventil, welches durch das Gewicht von Handstück mit Brennerspitze eine weitere Zufuhr der Gase zum Handstück unterbricht. Durch Einhängen des Brenners in eine Gabel werden die Sitzventile geschlossen. Trotzdem bleibt eine kleine Zündflamme oben auf dem Gassparer erhalten. Über einem Bypass wird mit einem Regelventil das Flämmchen eingestellt, es brennt wie eine Kerze und steht immer zum Wiederzünden des Brenners zur Verfügung. Hängt man nun bei Unterbrechung des Lötvorgangs den Brenner in die Gabel, erlischt die Lötflamme. Bei Wiederbeginn der Arbeit nimmt man den Brenner aus der Gabel, der Gasstrom fließt wieder, wir halten ihn an die Zündflamme und mit der gleichen Brennereinstellung kann weiter gearbeitet werden. Ein großer Vorteil bei Lötarbeiten mit vielen Unterbrechungen.

Nicht nur die Einstellungen an den Handstückventilen entfallen, sondern der Vorteil ergibt sich auch in der Einsparung der teuren Brenngase. Ich arbeite schon einige Jahre mit so einer Einrichtung und möchte sie auch nicht mehr missen, eingegangen wird auf dieses Gerät nochmals im Kapitel Arbeitsplatz. Um dieses Kapitel abzuschließen, möchte ich noch auf eine Checkliste hinweisen, die die Firma Greggersen als Hersteller von autogen Schweiß- und Lötgeräten ihren Kunden mit auf den Weg gibt. Ich empfinde diese 10-Punkte-Checkliste als ideale Kurzinfo, welche, wenn alle Punkte befolgt werden, zwangsläufig zum Erfolg führen muss. Ganz nach unserem Motto:

Es ist noch kein Meister vom Himmel gefallen, Hartlöten ist nicht schwer man muss nur wissen wie!

Die Checkliste ist in zwei Teile gegliedert:

1. Die Vorbereitung
2. Der Lötvorgang

Zehn Schritte zur sauberen und haltbaren Lötverbindung

Die Vorbereitung

1. Alle Teile müssen sauber und fettfrei sein.
2. Die Lötspalten müssen das richtige Maß aufweisen

Nicht geeignet: Spalt unter 0,05 mm
Ideal geeignet: Spalt von 0,05-0,10 mm
Noch möglich: Spalt bis 0,25 mm

Der Gassparer mit gezündeter Pilotflamme an der Versorgungssäule

Die hier an den Manometern angezeigten Arbeitsdrücke: Acetylen 0,4 bar; Sauerstoff 2,2 bar

3. Die Einstecktiefe z.B. von Rohren in Muffen sollten je nach Durchmesser 6 bis 12 mm betragen.
4. Beim Lötvorgang muss Flussmittel verwendet werden.
5. Die zu lötenden Teile müssen so fixiert werden, dass die Lage bei Ausdehnung des Flussmittels sich nicht verändert.

Der Lötvorgang

6. Die Teile müssen auf einer geeigneten Unterlage deponiert werden, die dafür sorgt, dass die Wärme nicht unnötig abgeleitet wird. Dieses gilt besonders für großflächige Bauteile, wie z.B. Dampfkessel, wo viele Lötstellen gleichzeitig erforderlich sind und die Wärme erfahrungsgemäß nur schwer zu halten ist. Hier empfiehlt es sich, das ganze Gebilde mit Schamottsteinen zu umgeben. Ich sage dazu „Einhausen".
7. Nun kommt es darauf an, die Wärme schnell in das Werkstück zu bringen. Das ist in der Regel nur mit einer Sauerstoff/Acetylen-Flamme oder häufiger eine Sauerstoff/Propan-Flamme möglich. Dabei ist die Schnelligkeit eines der wichtigsten Kriterien. Das Werkstück muss zügig und großflächig angewärmt werden. Das größere schwerere Teil braucht mehr Wärme, also muss die Flamme auf dieses Teil gerichtet werden, aber bevor das Lot zugegeben wird müssen alle Teile die gleiche Löttemperatur haben. Eine Überhitzung ist auf alle Fälle zu vermeiden.
8. Nach Erreichen der Temperatur (das Flussmittel ist glasig) wird dem Werkstück Lot zugeführt. Es darf nicht mit der Flammenspitze abgeschmolzen werden, also die Flamme etwas zurückziehen. Das Lot schießt in den Spalt oder die Fuge, es findet ein Austausch zwischen Lot und Flussmittel statt, die sogenannte Kapillarwirkung. Das Flussmittel hat die Aufgabe beim Lötvorgang das Oxydieren zu verhindern, d.h. den Spalt sauber zu halten. Es ist wichtig, den Lötvorgang schnell zu beenden. Daher muss die notwendige Löttemperatur schnell und gleichmäßig erreicht werden. Das langanhaltende mühsame Aufbringen der Energie (zum Beispiel mittels Kartuschenbrenner) verhindert jede gute Lötverbindung.
9. Nach Erstarren des Lotes werden die Teile in warmem, ja sogar heißem Wasser abgeschreckt. Das meiste an Flussmittelresten wird bei der Abschreckung von den Teilen gelöst.
10. Anschließend wird das Werkstück in einer schwachen Säurelösung von Resten an Flussmittel und Spuren der Erwärmung befreit. Spuren der Erwärmung bilden sich an den Rändern zwischen flussmittelbehandelten und reinen Metallflächen. Durch das Anwärmen ist die reine Metallfläche wieder oxydiert, das sieht man an der Verfärbung nach der Abschreckung, nach der Säurebehandlung ist die Fläche ausgeglichen und besitzt eine gleichmäßige Farbe. Jetzt sollte man eine schöne, glänzende Lötnaht vor Augen halten, eine gelungene Lötverbindung!

Als Säurelösung kann eine 5-10%ige Zitronensäure angesetzt werden. Bei der Behandlung mit Zitronensäure besteht nicht die Gefahr, dass die Grundmaterialien angegriffen werden. Die Teile können 15 bis 30 Minuten in der Säurelösung verbleiben, eine zwischenzeitliche Kontrolle ist ratsam, denn sauber ist sauber und wird auch bei längerer Tauchzeit nicht sauberer.

Haben wir nun diese zehn Punkte eingehalten, wird sich eine gute, erfolgreiche Lötverbindung zeigen. Das gibt uns Mut und wird zu weiteren Lötarbeiten animieren und so nach und nach werden wir mit diesen Übungen zum Meister.

Zum Abschluss nochmals einige Worte zum Brenner und zum Lot.

Eine Packung 375 Gramm pulveriger Zitronensäure reicht für etwa 15 Liter Wasser

Was ist der richtige Brenner? Welches Lot soll ich verwenden?

In erster Linie hängt die Wahl des Gerätes natürlich von der Größe und der Beschaffenheit des Werkstücks ab. Ob man mit einem Micro-Brenner oder einem normalen Schweißbrenner in den Größen 0,5-1 mm, 1-2 mm, 2-4 mm, 4-6 mm oder noch größer arbeiten kann, arbeiten soll oder sogar muss. Für eine noch gleichmäßigere und schnellere Anwärmung der Werkstücke eignen sich Mehrflammdüsen, sogenannte Anwärmeinsätze mit Brausekopf oder auch Gabelbrenner, die hauptsächlich zum Anwärmen von Rohren gedacht sind. Mit steigender Erfahrung werden wir automatisch den richtigen Brenner für die anstehende Arbeit auswählen.

Am Anfang ruhig einen etwas größeren Brenner wählen, auf die Uhr schauen, wie lange hat der Anwärmprozess gedauert hat, denn entscheidend ist, dass der Vorgang in 4 bis 5 Minuten abgeschlossen ist.

Natürlich spielt auch das Lot eine entscheidende Rolle im Lötprozess. Lot ist ja nun wirklich nicht als billiges Produkt zu bezeichnen, wenn wir aber die vorgenannten Ratschläge alle penibel einhalten, ist der Lotverbrauch sehr gering. Es ist deshalb ratsam, nicht am Lot zu sparen und hochwertiges Silberlot mit einem Silbergehalt von 45-56% zu verwenden. Die Schmelztemperatur dieser Lote liegt etwa zwischen 580 und 630°C. Nehmen wir den Gas- und Sauerstoffverbrauch in Relation, haben wir beim hochsilberhaltigen Lot weniger Gasverbrauch, denn 580°C sind bei Weitem schneller zu erreichen als z.B. 900°C beim Messinglot. Ausrechnen kann und will ich das hier aber nicht.

Kleinbrenner und Brenner für Feuerzeuggas und Gaskartuschen

In jedem Versandhandel von Werkzeugartikeln, in jedem Baumarkt, im Elektronikhandel, ja sogar in einigen Modellbau-Fachgeschäften oder auch dem Modellbau-Versandhandel finden wir Kleinbrenner, die hauptsächlich mit überall erhältlichem Feuerzeuggas gefüllt werden können. Die etwas größeren Geräte finden wir oft zu Dutzenden in den Regalen der Baumärkte. Die dazugehörenden Kartuschen werden ebenfalls schon im Sechserpack mit angeboten. Diese Kartuschen finden wir in unterschiedlicher Größe und Formen, entweder als längliche etwa

Campingaz-Kartusche, sehr kompakte Abmessungen von 90×90 mm und fast überall erhältlich

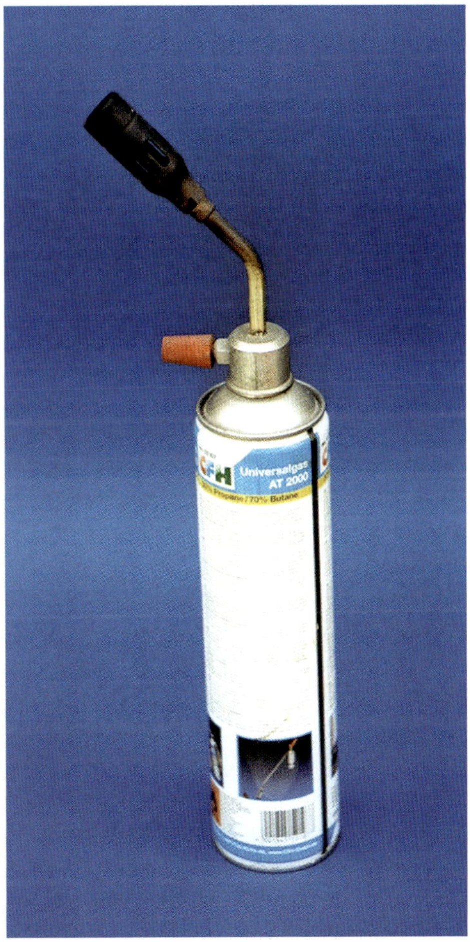

Universalgas-Kartusche, in der bekannten länglichen Form mit Rothenberger Absperrventil und 22-mm-Brenner

Feuerzeuggas, fast überall, hauptsächlich an Tankstellen zu beziehen

65 mm im Durchmesser und 250 mm Blechdose in der Länge, oder auch als kompakte 90 mm im Durchmesser und 90 mm in der Höhe messende Blechdose, die auch zu allen Campinggas Artikeln passt. Die Brenner sind entweder auf das oben aufgewalzte Gewinde der länglichen Flaschen zu schrauben oder in der 90-mm-Variante in einem Gestell eingedreht oder eingeklemmt. In beiden Varianten, egal ob geklemmt oder geschraubt, es wird die Gaskartusche mit einer Stahlnadel angestochen und mit einem Dichtring wird die Verbindung hergestellt. Die Kartusche muss bis zum Gasverbrauch mit der Halterung in Verbindung bleiben, weil sonst das Gas in die Atmosphäre entweicht, hierbei ist immer auf einen guten Dichtring zu achten.

Oft steht auf der Verpackung: Arbeitstemperatur oder auch Flammtemperatur 1.750°C. Das soll aber nicht hinderlich sein, uns darüber einige Gedanken zu machen. 1.750°C sind etwas mehr als die Hälfte der Wärme einer Acetylenflamme. Wenn wir daraus schließen, dass wird dann eben die doppelte Zeit zum Anwärmen brauchen, ist das ein großer Irrtum. Wir werden entschieden mehr Zeit aufwenden müssen, um überhaupt die Solidustemperatur zu erreichen. Ist zudem das Volumen unseres Objektes groß, werden wir es generell nicht schaffen mit dieser Flammentemperatur die Löttemperatur zu erreichen, zumindest nicht in einer akzeptablen Zeit und darüber hinaus noch weiter die Liquidustemperatur zum Abschmelzen des Lotes. Hier beginnt dann die leidige Bruzzelei, es kann keine Lötung erfolgen, das Flussmittel ist mittlerweile auch schon verbrannt und das Teil wandert unweigerlich in die Schrottkiste. Das soll uns aber nicht abhalten, so einen Lötbrenner mit Kartuschen zu kaufen und es soll auch nicht heißen, dass man damit nicht hartlöten kann. Man muss nur wissen, was gelötet werden kann und vor allen Dingen, wie groß der Grundkörper meines Bauteils ist. Dünnwandige Rohre aus Kupfer oder Messing lassen sich gut und schnell auf Arbeitstemperatur bringen. Konstruktionen aus unterschiedlichsten Profilmaterialien – ich denke da an den Eisenbahnmodellbau – wie Brücken, Masten oder Geländer wird man mit dieser Arbeitstemperatur hervorragend löten können. Überall wo die Massen gering gehalten werden, ist eine schnelle Erwärmung möglich, da wird die Arbeitsweise funktionieren. Darüber hinaus sollte man unbedingt ein hochsilberhaltiges Lot mit etwa 56% Silberanteil verwenden, es ist das Silberlot mit der geringsten Schmelztemperatur.

Die Angebotspalette, vom kleinsten Stiftbrenner bis zum großen Brenner mit Handstück und Schlauchverbindung zum Druckminderer des Gasbehälters, ist fast nicht mehr zu überblicken. Ich kann hier nur auf einige Geräte zugreifen und aufmerksam machen, mit denen auch ich gearbeitet habe. Wie schon erwähnt, viel und oft habe ich mit den luftansaugenden Bren-

Der „Pencil-Torch", ein bekannter Lötstift, „Made in China", für kleine Arbeiten, hauptsächlich im Weichlötbereich gut zu gebrauchen

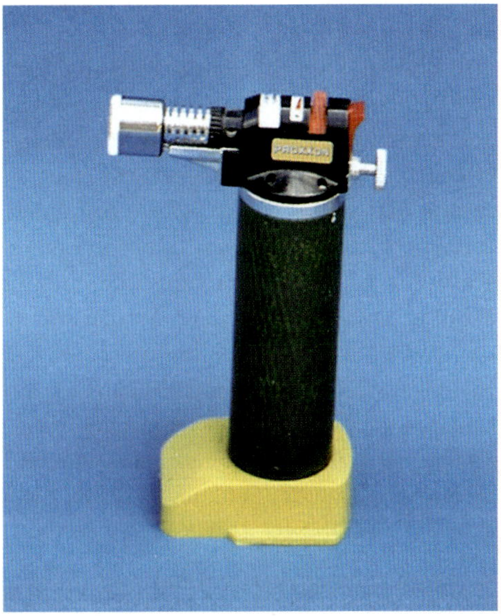

▶

Der „Microflam-Brenner" MFB/E der Firma Proxxon, ein interessantes Gerät mit vielen Einstellmöglichkeiten

nern nicht gearbeitet, weil ich einfach mit den Gas/Sauerstoff-Anlagen besser und zielstrebiger umgehen kann. Meistens werden die Kartuschen-Brenner zu Reparaturzwecken eingesetzt, um mal schnell eine gebrochene Strebe oder ein Teil der Motorhalterung zu löten, weil man den eigentlichen Lötplatz nicht extra dafür aufbauen will. Im Modellbaubereich sind kleine und kleinste Gasgeräte zum Löten von Kleinteilen und filigranen Elementen erhältlich. Sie besitzen meist ein Einfüllventil, ähnlich einem Feuerzeug und werden auch mit dem Feuerzeuggas, welches an jeder Tankstelle zu bekommen ist, gefüllt. Sie besitzen eine verhältnismäßig spitze Flamme, wobei sich die größte Wärme vorn an der Flammspitze bildet und nicht etwa weiter nach hinten am Düsenaustritt. Mit dieser Spitze können gezielte Punktlötungen vorgenommen werden. Ein mir bekannter sehr kleiner Brenner ist der „Pencil-Torch". Er ist nicht viel größer als ein Edding 3000. und auch nur für sehr feine Hartlotarbeiten zu benutzen.

Ich habe ihn aber für gewisse Weichlotarbeiten mit sehr dünnem Messingblech erfolgreich eingesetzt. Als Lot kam das Elektroniklot 60/40 zum Einsatz. Vorn besitzt der Pencil-Torch eine aufsteckbare Düse mit den Ansaugbohrungen für die Verbrennungsluft, dahinter das drehbare Ventil zum Öffnen und Schließen des Gasflusses, daran folgt der Tank in Form eines zylindrischen Rohres von 13 mm Durchmesser und am hinteren Ende befindet sich das Füllventil, wie bei einem Feuerzeug. Eine Flammtemperatur wird nicht angegeben, er ist aber auch wirklich nur für ganz feine Arbeiten zu gebrauchen. Als nächstgrößeres Mini-Lötgerät wäre der „Microflam-Brenner" MFB/E der Firma Proxxon zu nennen. Ein interessantes Gerät mit einigen Features, wie z.B. der getrennten, unabhängig voneinander einstellbaren Gas- und Luftzufuhr. Mit dieser Einstellmöglichkeit lassen sich besonders feine und spitze Flammkegel justieren, die für mikrofeine Arbeiten unerlässlich sind. Der Microflam ist mit einem elektronischen Piezo-Kristallzünder ausgerüstet, der wirklich bei jeder Betätigung zündet, ob nun ein Mini-Flämmchen oder auf maximale Leistung eingestellt wurde, dieser Piezo zündet immer.

Ein kleiner Sperrhebel, die sogenannte „Lock-Taste“, sperrt erstens die Gaszufuhr zur Düse und zweitens sperrt er die Betätigung des Piezo-Druckknopfes. Der Sperrhebel sichert damit auch vor unbeabsichtigtem Betätigen der Gasventile und ist damit eine sicherheitstechnische Zusatzeinrichtung, die wichtig beim Transport in der Werkzeugkiste zum Modell-Einsatzgelände ist. Haben wir diesem Gerät einen sicheren Platz in der Werkzeugkiste geschaffen, dann ist auch ein sicherer Transport immer gewährleistet. Die Flammtemperatur wird mit 1.200°C angegeben. Ob diese Temperatur erreicht wird, ist nicht eindeutig einzuschätzen, wie sollen wir Modellbauer dies auch kontrollieren. Zum Erreichen dieser Temperatur ist eine abgegrenzte Flamme einzustellen und eine ganz geöffnete Luftzufuhr erforderlich, sie wird dann auch nur in der abgrenzenden Flammenspitze erreicht werden. Der Tankinhalt beträgt 50 ml und dieser Inhalt soll bei einer „Normalflamme“ ca. 60 Minuten vorhalten. Nur was ist eine Normalflamme? Wenn ich mit diesem Gerät etwas anderes als eine Normalflamme einstellen kann, so hat es seine Funktionalität verfehlt. Wir sollten während des Lötprozesses immer eine Flasche Feuerzeuggas als Ersatz zur Verfügung haben. Der Microflam kann in einem Ständer aus Kunststoff abgestellt werden, er steht dann senkrecht auf dem Arbeitstisch. Im praktischen Arbeitseinsatz hat sich dies als Vorteil erwiesen. Er steht praktisch immer griffbereit zur Hand und liegt nicht irgendwo zwischen Hammer, Feilen und anderen Werkzeugen herum.

Die Firma Steinel bietet ebenfalls ein Lötgerät an, welches unter der Bezeichnung Gaslöter GL 1000 im Programm zu finden ist. Auch dieses Gerät ist für den Hobbybereich und Modellbau konzipiert, es hat eine zylindrische Form mit einem Durchmesser von 25 mm und liegt somit ausgezeichnet und ruhig in der Hand. Der Gaslöter besitzt vorn die Düse mit zwei seitlichen Bohrungen, die der Luftzufuhr

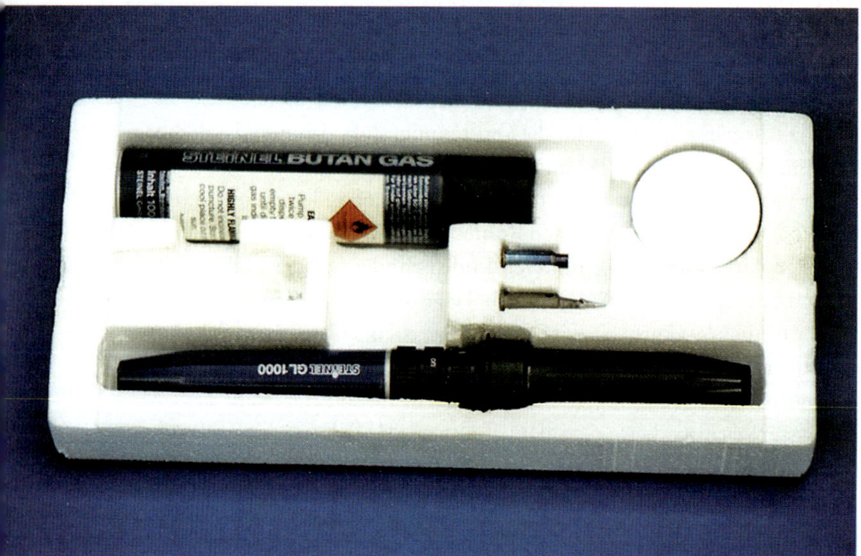

Die Verkaufspackung der Firma Steinel mit GL 1000, einem nachfüllbaren Brenner, Gaskartusche, Weichlötspitze, Heißluftdüse und Reinigungsschwamm

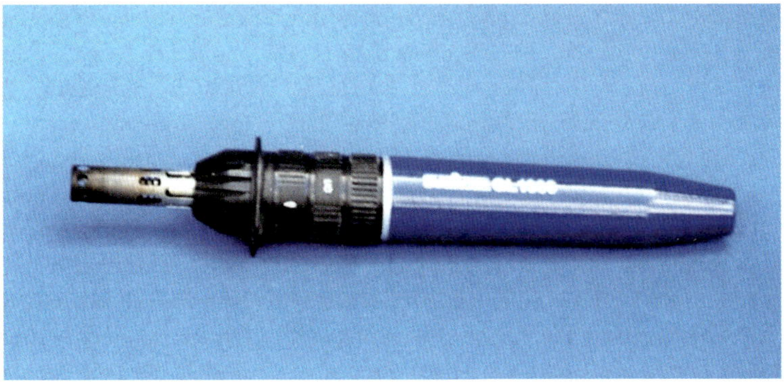

Der Steinel Handbrenner GL 1000, ebenfalls mit sehr vielen Einstellmöglichkeiten, unter anderem, thermische Einstellmöglichkeiten im Heißluftbereich

dienen. Darüber wird ein Schutzrohr gestülpt, welches zwei Funktionen erfüllt, es wird erstens als Kühlmantel über die Düse gestülpt und mit einer Überwurfmutter befestigt. Zweitens dient das Rohr vorn zur Befestigung der eigentlichen Gasdüse, der Weichlotspitze oder der Heißluftdüse. Zu jedem Düsenwechsel muss die Überwurfmutter gelöst werden, das Schutzrohr wird abgezogen, erst dann kann die Düse gewechselt werden. In der Mitte befinden sich drei radial zu betätigende Absperrventile. Von hinten gesehen haben sie folgende Funktionen: der erste Ring regelt den Gasfluss von min. bis max. in der Mitte wird das Gas komplett abgesperrt, oder geöffnet und vorn regelt eine Mechanik die Querschnittsveränderung der Luftbohrungen. Schließt man die Bohrungen zum Zünden und öffnet danach die Luftzufuhr kann damit die Flammintensität geregelt, und damit die Temperatur beeinflusst werden. Diese Regelung kann sich beim Arbeiten mit der Weichlotspitze und den Heißluftdüsen sehr zum Vorteil auswirken, weil z.B. ein Einschrumpfen von Kabelisolierungen weniger Wärmeenergie benötigt als das Hartlöten eines Rohres.

Bei Arbeitsende ist das vordere Düsengebilde natürlich noch sehr heiß, aus diesem Grund kann eine Schutzkappe übergestülpt werden. Sie kann nicht nur die Finger und Hand schützen, sie kann auch in der Nähe liegende Arbeitsutensilien und Kabel von Bohrmaschine und Lötkolben schützen. Der Lieferumfang beinhaltet den eigentlichen Gaslöter, eine 100-ml-Butan-Gas-Kartusche zum Nachfüllen, ein Feuerzeug zur Zündung der Flamme, einen Piezo-Zünder besitzt der Steinel nicht. Dazu werden noch eine Weichlötspitze und eine Heißluftdüse angeboten, ein Reinigungsschwamm vervollständigt das Set. In der Bewerbung der Firma Steinel wird der Gaslöter zum Löten, Schrumpfen, Schweißen „schnell und ohne Strom an jedem Ort“ angepriesen. Was die Werbeexperten zu Schweißen gedenken ist mir allerdings ein Rätsel, ansonsten kann man den Gaslöter durchaus als universal bezeichnen.

Eine sehr verbreitete und bekannte Variante ist die sogenannte Lötlampe, sie ist auf der 190-Gramm-Kartusche aufgebaut. Unzählige Hersteller haben sich diese genormte Kartusche als Gasspender ausgewählt, weil sie sehr verbreitet ist. Das hat folgenden Grund: Sie sind nach EN 417 genormt und somit überall in Europa zu bekommen. Hauptsächlich junge Leute, die per Camping durch Europa reisen, sind oft mit Rucksack und Zelt unterwegs. Zu diesen Kartuschen bekommt man eine Kochgelegenheit, eine Lampe oder auch einen Heizstrahler, durch die Norm passen alle Kartuschen auch zu diesen Geräten. Unter anderem auch die Lötlampen. Komfortable Löteinrichtungen sind diese Lötlampen allerdings nicht, man kann nur den Gashahn aufdrehen und zünden, es erfolgt eine automatische Luftregelung und das war es dann auch schon. Einfache Lötarbeiten lassen sich dennoch ganz gut ausführen. Die Kartusche wird auch viel von Schiffsmodellbauern zum Heizen von Dampfkesseln verwendet. Mit ihren Abmessungen von 90 mm im Durchmesser und ebenfalls 90 mm in der Höhe passen diese Kartuschen gut in einen mit warmem Wasser gefüllten Topf. Durch die kontinuierliche hohe Gasentnahme beim Heizen dieser Dampfkessel, oft sogar mit zwei Brennern, neigen die Gasbehälter zum Vereisen im oberen Gasbereich, dort wo das Flüssiggas bereits in einen Gaszustand umgewandelt ist. Stellt man diese Kartusche in ein warmes Medium, wird dieser negative Effekt zumindest unterdrückt. Füllgewicht ist immer 190 Gramm Butan/Propan-Gemisch. Sie besteht aus einem dünnwandigen Blechbehälter, der weder einen Anschluss noch eine Absperrmöglichkeit besitzt, geschweige irgendwelche Verschraubungen aufweist.

Auf der Oberseite befindet sich eine kleine Delle im Blechgehäuse, das ist sozusagen die Vertiefung, in der sich der Dichtring zwischen Brennerkonstruktion und Kartuschenhalterung einklemmt. Die Kartusche wird nur mit einer Nadel „angestochen", es bildet sich die Verbindung zwischen dem Gasbehälter und dem eigentlichen Brenner und genau dazwischen liegt die Gummidichtung. Bei dieser Montage hört man immer ein kurzes Zischgeräusch, das signalisiert die Verbindung und diese darf auch danach nicht mehr unterbrochen oder geöffnet werden. Ansonsten ist mit dem Verlust des kompletten Gasinhaltes der Kartusche zu rechnen. Wenn wir auch keine kleinen präzisen Lötarbeiten mit so einem Gerät ausführen können, so sind die Vorteile der problemlosen Beschaffungen von Gaskartuschen und Brennervarianten nicht von der Hand zu weisen. Solche Geräte bilden die Notlösung vieler kleiner Probleme in der praktischen Ausführung einiger Lötarbeiten, die wir hier nicht außer Acht lassen dürfen.

Die nächste Variante, die ich ansprechen möchte, ist vielleicht die weitverbreitetste technische Ausführung, von der sehr viele Angebote unterschiedlicher Firmen, hauptsächlich in den Regalen der Baumärkte zu finden sind. Aber auch die meisten Versandhäuser für Werkzeuge bieten diese Kartuschen mit den dazugehörigen Brennereinheiten an. Werbewirksam sind diese, eigentlich ganz normalen Brenner, mit den hochtrabendsten Bezeichnungen ausgestattet, wobei das Wortteil „Turbo" eine entscheidende

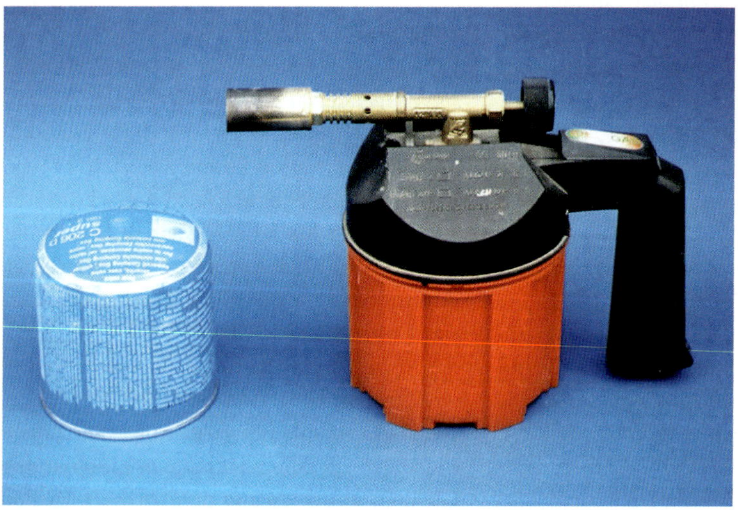

Der sehr bekannte Campingaz-Kartuschen-Brenner, auch vielfach als „Lötlampe" bezeichnet

Die Gaskartusche der Firma CFH, etliche Firmen liefern den Behälter mit 600 ml Inhalt und viele bekannte Geräte passen auf das Anschlussgewinde

Rolle spielt. „Superturbolöter", „Turbolötbrenner" oder einfach „Turbolöter" sind werbewirksame Bezeichnungen dieser Geräte. Ich habe mir das Wort „Turbo" einmal näher angesehen. Herr „Wikipedia" sagt: „Turbo ist eindeutig von Turbine abgeleitet, und zwar aus dem Lateinischen (turbare = drehen). Eine Turbine ist eine Maschine, die die potentielle Energie von Fluiden (Flüssigkeiten oder Gasen) in Dreh- oder Rotationsenergie umwandelt." So ist das also, ein Turbobrenner sollte demnach die brennende Energie des Gases in Drehbewegung umwandeln. Ich habe nun schon oft in eine brennende Gasflamme hineingesehen, aber solange ich auch hineinschaute, habe ich niemals etwas Drehendes entdeckt. Rein physikalisch betrachtet kann man schon eine Energieumwandlung beobachten, man spürt es förmlich, kommt man mit der Hand in deren Nähe, spürt man es sogar schmerzlich, nämlich die Umwandlung der Energie des Gases in Wärme. Das hat aber mit Turbo nun wirklich nichts zu tun. Ich habe diesen Ausflug gewagt, um die Unsinnigkeiten von Werbeversprechungen, auch im Bereich „Werkzeug" einmal aufzuzeigen. Liest man die Beschreibungen dieser sogenannten Turbobrenner genauer durch, werden wir auch nicht mehr als 1.750°C Flammtemperatur herausfiltern. Wir wollen uns aber nicht unbedingt auf 100°C mehr oder weniger festlegen. Das sind Angaben, die auch nur auf theoretischen Formeln basieren. Da wir nun genau wissen, dass der Sauerstoffgehalt der Luft 21% der gesamten Atmosphäre beträgt, kann physikalisch betrachte, auch keine höhere Temperatur herauskommen. Mit reinem komprimiertem Sauerstoff bilden sich natürlich ganz andere Voraussetzungen. Darin liegt eigentlich das ganze Geheimnis von erfolgreichem Löten und Schweißen. Theoretisch heißt das Geheimnis ganz schlicht und einfach „Wärme"! Wiederum rein theoretisch gesehen gibt es in der Technik keine „Hitze", es ist immer „Wärme", selbst auf der Sonne mit Tausenden von Celsius-Graden spricht man nicht von Hitze, sondern immer von Wärme. Ob nun Turbo oder nicht, entscheidend ist die Flammtemperatur, denn die ist ein messbares Produkt.

Betrachten wir uns nun die Gaskartusche einmal etwas genauer, denn sie ist schließlich unser Energiespender. Es ist eine Blechdose, die drucktechnisch einen gewölbten Deckel und einen gewölbten Boden besitzt. Sie hat einen Durchmesser von 66 mm und eine Länge von 260 mm, oben befindet sich ein eingewalzter Kragen, der dem Anschluss eine gewisse Steifigkeit verleiht. Innerhalb dieses Kragens befindet sich ein Gewindestutzen und wiederum innerhalb des Stutzens ist ein Dichtungsventil.

Wird nun der eigentliche Brenner auf den Gewindestutzen aufgeschraubt, wird das Ventil geöffnet und die Verbindung zur Brennerdüse hergestellt. Bei dieser Variante hat immer der Brenner ein Absperrventil, die Kartusche besitzt kein Ventil. Schraubt man nun den Brenner ab, so sichert das innenliegende Rückschlagventil gegen ein Entweichen des Gases. Eine sehr sichere Sache, ich habe es noch nicht erlebt, dass eine Kartusche undicht war.

Ich verwende das Universalgas der Firma CFH mit der Bezeichnung AT 2000. Was auch immer diese Zahlen und Buchstaben bedeuten, es ist ein Gasgemisch, bestehend aus 30% Propan und 70% Butan. Will man den Bildern auf der Kartusche glauben, ist das Brenngas wirklich universell. Es werden Kupferrohre gelötet, sogar unterhalb der Wandfliesen im Bad, es werden Grills angezündet, Messing im Schraubstock gelötet und sogar mit einem langen Brenner das Unkraut aus den Steinritzen vor der Garage entfernt. Der Inhalt wird mit 330 Gramm/600 ml angegeben, die Kartusche ist vom TÜV bauartgeprüft, ist FCKW/CFC frei, darf nicht in den Hausmüll hat aber den „Grünen Punkt". Einige Sicherheitshinweise sollte man auch durchlesen. Da wir ja nun sehr europäisch eingetrimmt wurden, sind diese Hinweise gleich in vierzehn Sprachen abgedruckt, dennoch schadet es bestimmt nicht das durchzulesen. Der Inhalt besteht aus brennbarem Gas und steht unter Druck. Gegen direkte Sonneneinstrahlung schützen und nicht einer Temperatur über 50°C aussetzen. Darf nicht in Händen von Kindern gelangen. Behälter an einem gut durchlüfteten Ort aufbewahren. Von Zündquellen fernhalten und nicht rauchen. Es stehen noch weitere wichtige Angaben auf dieser Kartusche: Die Butan/Propan-Gaskartusche darf nur mit Kartuschen-Geräten verwendet werden, die ausschließlich für Kartuschen der Norm EN 417 bestimmt sind. Die von mir verwendete Kartusche entspricht der Norm EN 417. Man sollte die Bedienungsanleitung der zugehörigen Geräte beachten. Kaufen wir uns einen neuen Brenner, sollte unbedingt diese Norm auf der Verpackung angegeben sein, ansonsten würde ich den Brenner im Regal belassen. Auch darf man die Kartuschen nicht wieder füllen. Selbst nach Gebrauch, auch wenn die Kartusche total entleert ist, soll man sie nicht durchstoßen. Der Grüne Punkt sagt eindeutig, wo die leere Kar-

Der Rothenberger Komplettkoffer „Hot-Box" Super-Fire 3, ein Gerät, bei dem sozusagen alles im Koffer ist

tusche zu entsorgen ist. Das Wechseln der Kartusche sollte immer an einem gut durchlüfteten Ort geschehen. Das Absperrventil des Gerätes schließen und von der Kartusche abschrauben. Bei jedem Wechsel ist die Dichtung zu kontrollieren, ist sie beschädigt oder sogar verloren muss unbedingt eine Ersatzdichtung montiert werden. Das bedeutet, man sollte nach einer verwendeten Kartusche immer auch Dichtringe zur Verfügung haben. Das Gewinde ist ein empfindlicher Teilbereich der Kartusche, welches pfleglich behandelt sein will. Niemals mit Gewalt den Brenner aufschrauben, wird zudem noch schräg angesetzt ist meistens das Gewinde hinterher zerstört. Nicht nur das Gewinde an der Kartusche, sondern auch im Brenneransatz, dies wiegt umso schwerer, weil meistens auch der Brenner nicht mehr zu gebrauchen ist. Wenn wir hier allerdings die nötige Vorsicht walten lassen, werden wir jahrelang mit den Werkzeugen arbeiten können.

Ob nun der Brenner eine Piezo-Zündung besitzt oder nicht, ist von der physikalischen Seite betrachtet nicht relevant. Eine Piezo-Zündung ist eine technische Spielerei, die den Zündvorgang vereinfacht, man spart den Anzünder und unter Umständen erfolgt die Zündung damit schneller.

Zuletzt möchte ich noch ein Komplettgerät vorstellen, welches für uns Modellbauer durchaus interessant erscheint. Erstens ist dieses Gerät mit einigen Zusatzgerätschaften in einem Kunststoffkoffer immer komplett aufgeräumt, er besitzt zwei Gaskartuschen, damit sollte nach Entleerung der ersten Kartusche nicht abrupt der Arbeitseinsatz beendet werden, mit der zweiten Kartusche geht es weiter, bis der Einsatz beendet ist. Allerdings ist dann sofort für Ersatz zu sorgen, denn zwei leere Flaschen sind nichts anderes als „Eine“, es geht dann nämlich nicht weiter. Zweitens bekommt man von Rothenberger noch weitere Zusatzgeräte, die zum System passen, z. B. weitere Brenner, die beispielsweise mit 24 mm Durchmesser für eine energiereiche Flamme sorgen können, oder einen sogenannten Hotair-Burner für Heißluft mit 38 mm Auslassrohr. Alle Einzelteile zu dieser Hot-Box sind als Ersatzteile erhältlich. Der Verkaufsweg der Firma Rothenberger sind die Baumärkte, z.B. bei Obi, Hellweg, Hagebau oder Bauhaus ist die Hot-Box zu erwerben. Dort bekommen wir die Ersatzkartuschen und auch die Peripheriegeräte, eine Direktbestellung bei Rothenberger ist nicht möglich. Für Kunden, die mit Sauerstoff arbeiten, bieten die Baumärkte Umtauschflaschen an, sozusagen Leere gegen Volle. Hierbei sollte man überlegen, ob man sich nicht eine zweite Flasche zulegen will, denn nicht jeder Modellbaufreund hat einen dieser Märkte in seiner Nähe. Nun möchte ich die technischen Eigenschaften dieser Rothenberger Lötgarnitur unter die Lupe nehmen. Mit der Bezeichnung Hot-Box Super Fire 3 bekommt man ein kompaktes Gerät, welches durchaus für viele Lötarbeiten, auch im Modellbau geeignet ist. Der Koffer beinhaltet zwei große Gaskartuschen mit je 750 ml Inhalt, diese sind mit der Nr. EN 12205 genormt. Die Kartuschen haben die geschützte Bezeichnung MAPP und sind eine Marke der Messer-Griesheim GmbH. Sie weisen ein CE und das Grüne Punkt Zeichen auf, wobei die Bemerkung nicht nur erlaubt ist, sondern zwingend darauf hingewiesen wird, dass über die Grüne-Punkt-Tonne/-Säcke nur vollkommen entleerte Behälter zu entsorgen sind. Des Weiteren beinhaltet der Koffer einen Brennerhalter aus stabilem Spritzguss gefertigt. Er wird auf das Kartuschengewinde aufgeschraubt und weist oben eine komfortable Aufnahme für unterschiedliche Brenner auf. Komfortabel deshalb, die Brenner lassen sich mit einer Bajonettverriegelung ein- und auswechseln, das geht sozusagen im Handumdrehen. Zwei unterschiedliche Brenner, der kleine sogenannte Pin-Point-Burner und der Cyclone-Burner sind im Koffer als Standardausrüstung enthalten. Weitere Brenner, wie der mittlere Standard-Burner, der große Hot-Air-Burner oder der Soft-Flame-Burner

Die MAPP-Gaskartusche mit Brennerhalter, Absperrventil, Piezo-Zünddruckknopf und auswechselbarem Brenner

sind auswechselbare Elemente, die den entsprechenden Arbeitsbedingungen entgegenkommen und gesondert geordert werden können. All diese Brenner haben den Bajonettverschluss und können sekundenschnell gewechselt werden. Aber Vorsicht bei gerade benutzten Brennern, die Dinger sind verflucht heiß! Der Brennerhalter weist weiterhin das Gasregel- und Absperrventil und einen Druckknopf zur Betätigung des Piezo-Zünders auf. Dieser Druckknopf ist mit einer zusätzlichen Verriegelung ausgestattet, die erst eine Dauerflamme ermöglicht. Ohne Verriegelung erlischt beim Loslassen des Knopfes die Flamme sofort. Das sind Sicherheitseinrichtungen, die durchdacht sind, rutscht einem, z.B. in einer kritischen Ecke der Brenner mit Kartusche aus der Hand erlischt augenblicklich die Flamme. Ein Flammreflektor, der für enge Rohrinstallationen in der Mauerecke von Vorteil ist aber nicht nur da, sondern im Allgemeinen beim Lötvorgang von Kupferrohren gut zu gebrauchen ist und ein großer runder Plastikfuß vervollständigen den Koffer. Der Plastikfuß hat es mir angetan, es ist ein preiswertes, aber durchaus nützliches Zusatzteil, das ein Umfallen der Gaskartusche, und zwar auch im gezündeten, brennenden Zustand so gut wie verhindert. Man kann durchaus unbeabsichtigt an die Gaskartusche stoßen, sie fällt nicht um. Da hat Rothenberger mitgedacht, das sind innovative Sachen, die fast nichts kosten und dennoch unheimlich wirkungsvoll und wichtig sind. Insgesamt ist nach meiner Einschätzung der Koffer durchaus für sehr viele, ich sage bewusst nicht alle Lötarbeiten eine sehr gute Lösung um uns Modellbauer auf die Sprünge zu helfen und vor allem ist im Koffer immer alles aufgeräumt und es ist für den nächsten Einsatz auch alles wieder griffbereit.

Die Brennerspitze „Pin-Point-Burner" hat eine seht weiche Flamme, durchaus für feinere Arbeiten geeignet

Kompaktgeräte – mobile Systeme

Was sind kompakte Geräte, was sind „mobile Systeme"? Der Arbeitseinsatz von Handwerkern und Installateuren, hauptsächlich im Bauwesen, verlangt transportable Gerätschaften, die schnell und einfach an den Arbeitsplatz gebracht werden können. Diese bezeichnet man als mobile Systeme und kompakt sind sie, weil meist die gesamten Peripheriegeräte in Halterungen am Tragegestell oder Blechkoffer vorhanden sind. An Gasleitungen ist die Hartlötung zwingend vorgeschrieben, für solche Arbeiten sind die mobilen Geräte konzipiert worden. Es sind Geräte, die man sozusagen mit einem Griff an die Baustelle transportieren kann. Wer will auch große und schwere Flaschen mehrere Stockwerke nach oben schleppen? Wir unterscheiden zwei Gerätetypen, die Propan/Sauerstoff- und die Acetylen/Sauerstoff-Anlagen.

Die Firma Greggersen aus Hamburg bietet beide Systeme, von der kleinsten kompakten Anlage bis zum großen Industrie-System, man bekommt sozusagen alles aus einer Hand. Ich möchte hier keine Wertung abgeben, denn es gibt ja nun viele, fast nicht mehr zu überblickende Anbieter solcher Autogen-Anlagen. Man gehe nur durch die Baumärkte, da weiß man bald nicht mehr, welche Geräte man kaufen soll. Beim Kauf ist allerdings zu Vorsicht geraten, denn man sollte nur solche Geräte kaufen, die auch der Norm entsprechen und das CE-Zeichen besitzen. Ich persönlich arbeite nun schon

Das „mobile System" Ergomax Eco der Firma Greggersen mit 2-Liter-Sauerstoffflasche und 425-Gramm-Propangasflasche sowie die zwei dazugehörigen genormten Druckminderer und Schlauchanschlüsse

etliche Jahre mit den Produkten von Greggersen. Die Firma bietet Autogengeräte nicht nur für den Hobbybereich an, sondern ihr Hauptgeschäftsfeld liegt in der Industrie, im Handwerk und in der medizinischen Gasversorgung von Praxen und Kliniken, dort sind sie eine feste Größe. Die Geräte sind „Made in Germany“, alle nach DIN-ISO- und EN-Normen gefertigt und wer nach diesen Normen zertifiziert ist, wer die Gasversorgung, Wartung und Reparatur in Kliniken, Laboren und Ausbildungsstätten innehat, dessen Geräten können wir erst recht im Hobbybereich vertrauen. Aber nicht nur die einmalige Anschaffung solcher, zugegeben nicht

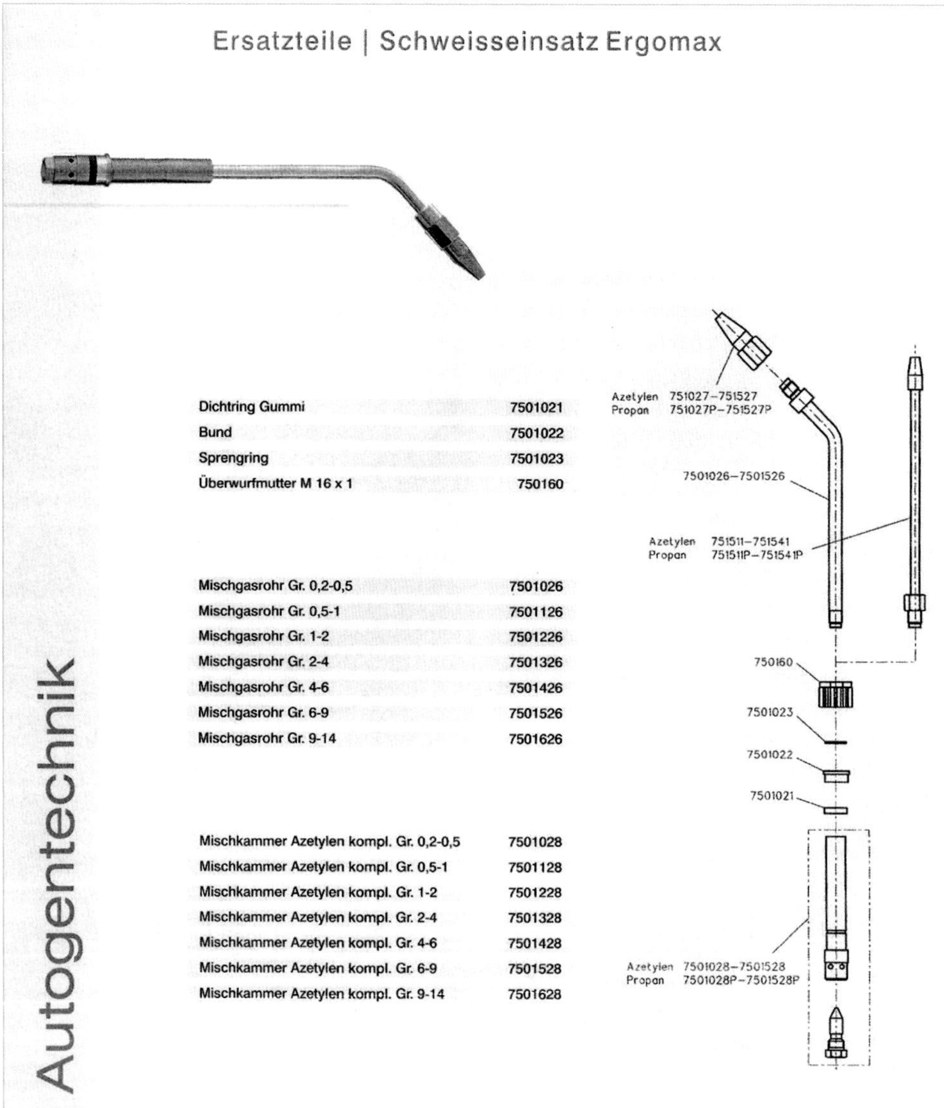

Ersatzteile | Schweisseinsatz Ergomax

Dichtring Gummi	7501021
Bund	7501022
Sprengring	7501023
Überwurfmutter M 16 x 1	750160
Mischgasrohr Gr. 0,2-0,5	7501026
Mischgasrohr Gr. 0,5-1	7501126
Mischgasrohr Gr. 1-2	7501226
Mischgasrohr Gr. 2-4	7501326
Mischgasrohr Gr. 4-6	7501426
Mischgasrohr Gr. 6-9	7501526
Mischgasrohr Gr. 9-14	7501626
Mischkammer Azetylen kompl. Gr. 0,2-0,5	7501028
Mischkammer Azetylen kompl. Gr. 0,5-1	7501128
Mischkammer Azetylen kompl. Gr. 1-2	7501228
Mischkammer Azetylen kompl. Gr. 2-4	7501328
Mischkammer Azetylen kompl. Gr. 4-6	7501428
Mischkammer Azetylen kompl. Gr. 6-9	7501528
Mischkammer Azetylen kompl. Gr. 9-14	7501628

Die Greggersen-Ersatzteilliste vom Schweißeinsatz „Ergomax“, sämtliche mit einer Nummer versehenen Teile sind einzeln zu erwerben

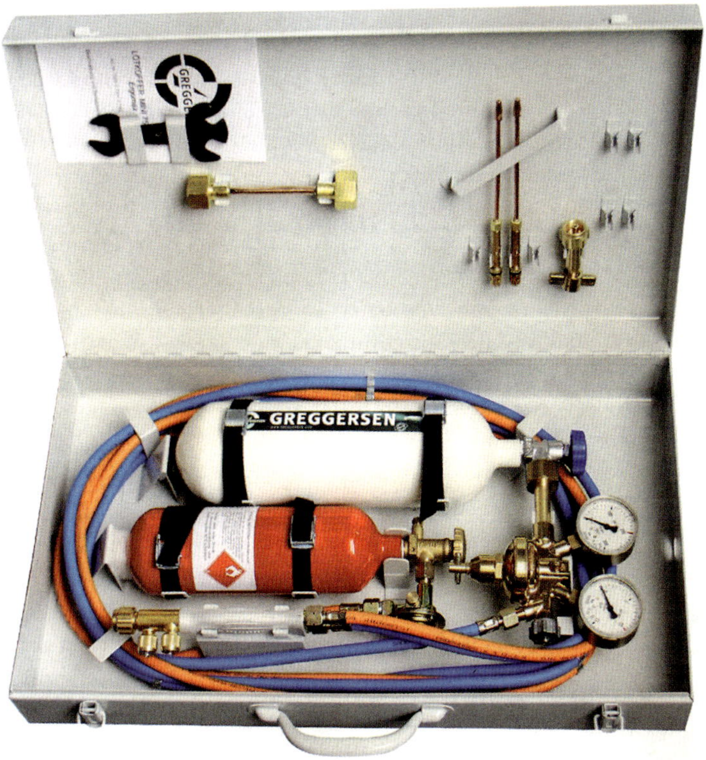

Der Greggersen-Gerätekoffer „Ergomax Plus“, komplett mit Gasflaschen, Ventilen, Druckminderer, Schläuchen und Handstück. Betriebsanleitung, beide Adapter, zwei Brennereinsätze und ein Montageschlüssel sind vorhanden

ganz billigen Geräte, ist für uns wichtig. Erweiterung oder Komplettierung einer Grundausrüstung ist ein weiteres Kriterium beim Kauf. Über verschiedene Einsätze oder Spezialbrenner, Handstücke, Druckminderer, längere oder kürzere Verbindungsschläuche bis zum Reduziernippel und Schlauchschellen – alle Einzelteile haben eine eigene Nummer und sind bei Greggersen erhältlich. Von den meisten Geräten besitze ich Ersatzteillisten, d.h. von der Brennerspitze über komplette Ventileinsätze des Handstückes, Mischkammer oder Mischgasrohr, bis zum Schlauchnippel kann ich alle Teile einzeln beziehen und wenn möglich selbst reparieren.

Nur über eines sollten wir uns allerdings im Klaren sein: Wer von uns kann schon, z.B. ein klemmendes Absperrventil in einem Handstück reparieren? Wer ist in der Lage dieses hochpräzise Werkzeug ordnungsgemäß wieder instand zu setzen? Für solche Arbeiten muss man autorisiert sein, es ist einfach zu gefährlich, im Autogenbereich mit verpfuschtem und fehlerhaftem Handwerkzeug zu arbeiten. Sollte so etwas wirklich einmal vorkommen, sollten wir nicht zögern das Gerät zur Reparatur dem Hersteller einzuschicken, da bekommen wir mit Sicherheit eine zuverlässige Reparatur. Ich finde diese Überlegungen sind beim Kauf einer Autogenanlage zu berücksichtigen, denn nicht nur die Lieferung von Ersatzteilen soll gewährleistet sein, Greggersen garantiert auch eine ordnungsgemäße Reparatur, bei mir sind allerdings noch keine Artikel besagter Firma zu Schaden gekommen.

Die Angebote der Firma sind sehr vielschichtig, ich möchte nur die Gerätschaften, die für uns Modellbauer in Betracht kommen, in diesem und im vorletzten Kapitel vorstellen. Die kleinsten „mobilen System“ werden in einem Stahlblechkasten und in handlichen Tragegestellen angeboten. Die Tragegestelle sind so konstruiert, dass die Geräte nicht nur leicht und bequem zu tragen sind, sondern sie schützen auch sämtliche Armaturen vor mechanischen Beschädigungen. Die Druckminderer, Ventile, Einsätze usw. sind so geschützt, dass Schäden durch Umfallen, rauen Umgang etc. nahezu ausgeschlossen sind.

Die Systeme werden nicht nur im Blechkoffer und tragbarem Gestell angeboten, sondern auch in 5- und 10-Liter-Ausführung, die mit einer Flaschenkarre auch sehr mobil sind und dennoch alle notwendigen Geräte sozusagen an Bord haben. Diese größeren Systeme sind nicht nur in Propan/Sauerstoff-Ausführung, sondern ab der 5-Liter-Größe auch als Acetylen/Sauerstoff-Anlagen zu beziehen.

Ich möchte nun einmal die kleineren Kompaktgeräte etwas genauer unter die Lupe nehmen, weil sie die prädestinierten Kombi-Systeme für den Modellbau darstellen und für uns als relevant zu bezeichnen sind. Das System in einem Blechkoffer beinhaltet immer eine 2-Liter-Sauerstoffflasche, eine 425-Gramm-Propangasflasche, die Druckminderer für Sauerstoff und Propangas, Umfüllstutzen für Gas und Sauerstoff, 4,5 m langer Schlaucheinheit komplett mit Verschraubungen und Ergomax-Handstück und bis zu vier Brennereinsätzen. Der Koffer ist aus stabilem Stahlblech gefertigt und einbrennlackiert. Die Flaschen sind in Halterungen mit Spannbändern gesichert und alle Einzelteile sind in dafür passenden Vorrichtungen gegen Herausrutschen innerhalb des Koffers befestigt. Das bedeutet: Nach Arbeitsende werden die Schläuche aufgewickelt, das Handstück und die Werkzeuge in die Halter eingeklemmt, der Deckel geschlossen und der Koffer findet seinen Platz an der dafür vorgesehenen Stelle.

Die Flaschenkarre und die Versorgungssäule mit Gassparer

Die nächstgrößere Ausführung wäre die 5-Liter-Variante, man bekommt die 5-Liter-Sauerstoffflasche und 425-Gramm-Propanflasche als komplette Einheit im Tragegestell. Die Flaschen werden so gewählt, dass sie im Verhältnis von 1:5 in etwa dem Verbrauch der Gasgemische entspricht.

Weitere mobile Systeme bilden die Acetylen/Sauerstoff-Geräte. Man bekommt sie auch für uns Modellbauer in der Größe 5 Liter Sauerstoff und 5 Liter Acetylen in einem tragbaren Gestell, oder sogar in der 10 Liter Ausführung für beide Gase Acetylen und Propan, jeweils mit 10 Liter Sauerstoff in einem fahrbaren Gestell, einer sogenannten Flaschenkarre.

Will man sich wirklich solch ein Gerät zulegen, sollte sich die wirklich nicht ganz preiswertige Investition auch lohnen. Wenn wir viel löten und auch größere Objekte in Angriff nehmen wollen, sind größere Geräte, aus wirtschaftlicher Sicht betrachtet natürlich günstiger, als die kleinen modellbaugerechten Ausführungen, die wir dann ständig nachfüllen müssen. Wie gesagt: Wir müssen die Größe der Anlage den Bedürfnissen unserer Vorhaben anpassen. Wer Modelldampfkessel für Lokomotiven im Maßstab etwa 1:10 löten oder schweißen will, oder Lokomobile in 1:5 oder noch größer bauen will – es gibt sie bis Maßstab 1:2 – für denjenigen sind die 10-Liter-Anlagen gerade die richtige Größe. Diese Acetylen/Sauerstoff-Systeme sind alle auch als Komplettsysteme zu beziehen, um aber die finanziellen Aspekte, d.h. die Modellbaukasse nicht übermäßig zu strapazieren, kann man auch alle Geräte einzeln, nach und nach, beziehen. Vielleicht kann auch der Gasehändler mit gebrauchten Flaschen zunächst aushelfen, denn diese Dinger sind nun einmal die teuersten Voraussetzungen um eine Anlage zu betreiben. Natürlich kann man ein Komplett-System bei Greggersen ohne Flaschen bestellen, sie sind dann genau wie die Kleingeräte ausgerüstet mit Druckminderer für Acetylen und Sauerstoff mit Rückschlagventilen, Schläuche, Handstück und mehreren Brennern. Das wären die Geräte, die für uns infrage kommen, natürlich sind noch größere Handstücke mit unterschiedlichen Einsätzen lieferbar, aber all diese Größen verlangen eigene Brenner, da sie unterschiedliche Schaftgrößen aufweisen, die untereinander auch nicht getauscht werden können. Diese Größen sind hauptsächlich für die Industrie gedacht und können für unsere Aufgaben durchaus vernachlässigt werden.

Ob Propan oder Acetylen, welche Größe der Brenner haben soll und die Größe der Flaschen bestimmen einzig und allein unsere Vorhaben. Entscheidend ist was ich löten will und wie viel Wärme muss ich zuführen. Betrachten wir uns einmal die ganz normalen Modellbauarbeiten, was lötet der Modellbauer? In der Regel werden Messing- und Kupferrohre gelötet, einige Bleche und Profilmaterialien, Stahldrähte für das Fahrwerk am Flugmodell, eventuell noch einige Konstruktionsteile für die Befestigung des Antriebsmotors. Alles Arbeiten, die keine allzu großen, voluminösen Bauteile aufweisen, wobei eine intensive Erwärmung nicht notwendig ist. Ein mobiles System im Blechkoffer, eventuell mit dem Micro-Max Handgriff wäre die richtige Größe.

Im Funktionsmodellbau, wo Bagger, Kräne, Raupen, wo Lokomotiven und Dampfwalzen entstehen, da wird intensiver und mit größeren Materialien gearbeitet. Hier würde eine 5-Liter-Propan/Sauerstoff-Anlage die meisten Arbeiten abdecken. Als Handgriff käme der Ergo-Max in Betracht der mit insgesamt acht Einsatzgrößen und Typen für eine Abdeckung aller unserer Arbeiten sorgt. Die Einsätze für den Micro-Max und den Ergo-Max sind austauschbar, wobei allerdings die 2-Liter-Sauerstoffflasche aus dem Blechkoffer mit größeren Brennern schnell zur Neige geht. Da nun Sauerstoff nicht an jeder Ecke zu bekommen ist, sollte eine größere Anlage in Betracht gezogen werden. Erfahrungswerte zeigen uns den Verbrauch von Gasen mit unterschiedlichen Düsengrößen. Die daraus resultierenden Brennzeiten mit einer 2-Liter-Sauerstoff- und 425-Gramm-Propanflasche sind in der Tabelle angegeben.

Einsatzdüsengröße	Brenndauer
0,5 bis 1 mm	ca. 4 Stunden
1 bis 2 mm	ca. 2 Stunden
2 bis 4 mm	ca. 1 Stunde
4 bis 6 mm	ca. ¾ Stunde
6 bis 9 mm	ca. ½ Stunde

Wir sehen nun – wenn das auch nur annähernde Zeiten sein können – wie schnell, hauptsächlich der Sauerstoff, zur Neige gehen kann. Die 425-Gramm-Propangasfüllung reicht für ca. 2½ Füllungen Sauerstoff. Wollen wir größere Objekte, hauptsächlich aus Kupfermaterialien, löten, wie besagte Dampfkessel mit einer Vielzahl an Rauchrohren, einer doppelten Stehkesselwand, das Ganze aus 3- und 4-mm-Kupferblech, wird man um den Kauf einer Acetylen/Sauerstoff-Anlage nicht herumkommen. Hierbei werden Dimensionen in Angriff genommen, die mit normalem Modellbau nur noch

Die umgebaute Flaschenkarre mit 20-Liter-Sauerstoff- und -Acetylenflaschen, komplett mit montiertem Druckminderer und Schlauchpaket

wenig zu tun haben, aber dennoch von einigen Modell-Enthusiasten verwirklicht werden und verwirklicht wurden. Ich kenne einige, die sich im Dampfmaschinen-Modellbau mit solchen Ausmaßen beschäftigen. Oft werden diese Kessel mit Kohle geheizt und sie wissen alle, dass bei diesen Lötarbeiten kein Phosphorlot verwendet werden darf. Die Handgriffe sind in allen Geräten, ob nun Propan oder Acetylen die Gase sind, in der Bauausführung gleich. Es ist praktisch eine Universalausführung und sie können für alle üblichen Brenngase, wie Acetylen, Wasserstoff, Propan und Stadtgas verwendet werden. Die Anpassung an die unterschiedlichen Gase erfolgt durch die besonderen Schweiß- und Hartlöteinsätze, im allgemeinen Sprachgebrauch nur als Brenner bezeichnet. Beim Kauf oder bei einer Bestellung muss man sein verwendetes Gas angeben, z.B. ein „P" für Propan. Die Einsätze sind gestempelt und somit leicht zu unterscheiden. Eine universelle Verwendung von Einsätzen ist aufgrund unterschiedlicher Zündgeschwindigkeiten und den damit verbundenen unterschiedlichen Bohrungen nicht möglich. Die Überlegungen, ob nun Acetylen oder Propan als Brenngas dienen soll und welche Größe ich wählen soll, liegt immer an den Aufgaben, die ich erledigen möchte.

Ein Grundsatz der Löttechnik ist: Will ich mit einem kleineren, leistungsschwächeren Gerät auch größere, wärmebedarfsintensive Lötarbeiten ausführen, ist dies nicht ohne Weiteres möglich. Wähle ich aber ein größeres, leistungsstärkeres Gerät kann man sehr wohl kleinere, feinere Arbeiten erledigen. Leistung erhöhen bedeutet immer auf größere Brenner und Gasdrücke auszuweichen. Leistung verringern bedeutet nur die Brenner verkleinern, die Drücke reduzieren und die Flamme den Erfordernissen anpassen. Das sind alles Überlegungen, die entscheidend sind zum Kauf der nicht ganz billigen Gerätschaften. Ausschlaggebend ist immer das Vorhaben der Lötarbeiten: Was will ich löten? Wie viel Wärme wird benötigt?

Ein letztes Gerät möchte ich unter dem Gesichtspunkt vorstellen, es ist allgemeintauglich und für die allermeisten Hartlötarbeiten im Modellbaubereich sehr gut zu gebrauchen. Natürlich wird auch mit diesem Gerät nicht unbedingt ein größerer Dampfkessel zu fertigen sein, aber wie gesagt, nicht alle wollen solche Sachen löten. Eine durchaus preiswerte Möglichkeit bietet wiederum die Firma Rothenberger mit ihrem Kompaktgerät ROXY 140/400 L. Es ist ein Gerät der einfachen Ausführung, wobei einfach nicht unsicher bedeutet. Natürlich müssen die Sicherheitsbestimmungen von den Herstellern eingehalten werden und so steht dieses Gerät den teuren Industrieanlagen in nichts nach. Ich habe es unter dem Gesichtspunkt der allgemeinen Verwendbarkeit für den Modellbau getestet. Einen größeren Dampfkessel oder großvolumige Vorhaben wird man aber mit diesem Gerät nicht löten können. Aber mit der Grundausrüstung dieses Kompaktgerätes kommt uns Modellbauern ein durchaus durchdachtes Konzept ins Haus, dass es erwähnenswert erscheint, hier vorgestellt zu werden. Hier würden zwei Gase endlich eine hohe Temperatur verwirklichen, die es erst ermöglicht, größere Löt- und Schweißarbeiten auszuführen. Eine Flammtemperatur von etwa 3.000°C werden wir mit diesem Gas/Sauerstoff-Gemisch erreichen, das ist für die allermeisten Lötarbeiten im Modellbau ausreichend. Wie schon erwähnt, kann man größere Modelldampfkessel aus Kupferblech eigentlich nur mit einer Acetylen/Sauerstoffflamme löten. Sie kann bis 3.200°C erreichen und man glaubt es eigentlich nicht, wie viel Wärmeenergie in Kupferblech hinein fließen muss, um die Solidustemperatur zu erreichen.

Das ROXY 140/400 Gerät ist auf zwei Blechhalter montiert, die Bleche bilden gleichzeitig den Ständer, der die Flaschen vor dem Umfallen schützt. Die einzelnen Flaschen sind in Metallklemmen am Ständerblech befestigt. Der Lieferumfang beinhaltet eine 2-Liter-Sauerstoffflasche mit genormtem einstufigen Druckminderer. Die Flasche ist gefüllt geliefert worden und die Spannung betrug 200 bar, das ergibt aus Druck mal Volumen die 2 Liter Inhalt. Der Druckminderer ist übrigens genau der Gleiche wie bei großen Industrieflaschen und mit der Normbezeichnung DIN/EN/ISO 2503 unterliegt er Fertigungskriterien, die keine Kompromisse zulassen. Eine gesonderte Gebrauchsanweisung wird extra für diesen Druckminderer mitgeliefert. Einige Sicherheitshinweise gebieten es, diese Anleitung zu lesen und zu beachten. Als Gasgemisch liefert Rothenberger eine

Das Rothenberger-Kompaktgerät mit 2-Liter-Sauerstoffflasche und 600-ml-Maxigas-400-Kartusche mit Schläuchen, Handstück und Zusatzgeräten

Kartusche Maxigas 400 in der üblichen Größe zu diesem Gerät mit. Die Kartusche hat einen Inhalt von 600 ml und der Anschluss erfolgt mit dem Original Rothenberger Absperrventil Typ 1 mit 7/16“ Gewindeanschluss, gefertigt nach EN 417. An dieses Absperrventil wird der Entnahmeschlauch angeschlossen, es ist der rote Gasschlauch, an diesem ist der Gewindenippel bereits montiert. Das Handstück ist, wie bei Rothenberger üblich, aus Aluminium gefertigt und mit einem gut in der Hand liegenden Kunststoffgriff ausgerüstet. Hinten befinden sich die Schlauchanschlüsse, die Schläuche sind montiert und mit Klemmen versehen. Vorn befinden sich die beiden Regelventile für Gas und Sauerstoff. Mit diesen Nadelventilen lassen sich das Flammenbild und die Flammenspitzen wunderbar einregulieren, ich habe diesbezüglich nicht das Geringste einzuwenden. Betrachten wir uns nun noch das Zubehör. In einem Plastikbeutel befinden sich einige nützliche Dinge, die es erst ermöglichen sofort mit der Löterei zu beginnen. Eine Betriebsanleitung sollte vom Anfänger unbedingt gelesen werden, denn der Umgang mit solchen Autogengeräten erfordert einiges an Wissen, um sicherheitsrelevante Dinge einzuhalten. So wird auch hier der Umgang mit Ölen und Fetten an Sauerstoffarmaturen angesprochen und wie schon öfters in diesem Buch hingewiesen, ausdrücklich verboten. Dieses Verbot gilt nicht nur für die Flaschen, selbstverständlich auch für die Armaturen bis hin zum Handstück. Des Weiteren liegen zwei Brennerspitzen der Größe 1,5 und 2 mm mit Dichtkegel und Überwurfmutter bei. Ein weiterer Mikroeinsatz mit drei auswechselbaren Kleinstdüsen der Größen 0,3, 0,5 und 0,7 mm gehören ebenfalls zum Zubehörprogramm. Gerade für uns Modellbauer stellt dieses interessante Zubehör eine nicht zu unterschätzende Bereicherung dar. Mit diesen Brennerspitzen lassen sich feine bis feinste Flammenspitzen

Die Zusatzgeräte: eine gut geschriebene Betriebsanleitung, zwei Einsätze 1,5 und 2,0 mm, Nadeldüsen, Schlüssel, Schweißbrille und Anzünder

Der komplette Arbeitsplatz: Unterschrank mit Rollen und der kompletten Versorgungssäule, rechts die 20-Liter-Flaschenkarre, vorn das Gestell des Ergomax Eco, im Schrank sind die Propangasflasche und alle anderen Utensilien untergebracht

einstellen, mit denen wir Lötarbeiten ausführen können, die normalerweise eher dem Weichlotverfahren einzuordnen sind. Allerdings muss der Sauerstoffdruck unter 1 bar eingestellt werden, oft sogar weniger als 0,5 bar, da bedarf es mit dem normalen Druckminderer sicherlich einiger, wenn auch ganz geringer Korrekturen des Sauerstoffdruckes. Machbar ist es aber allemal und hat man erst einmal den richtigen Druck gefunden, wird er auch immer wieder reproduzierbar sein. Sehr lobenswert sind die weiteren Teile in dieser Wundertüte, so finden wir einen zwar einfachen aber funktionellen Maulschlüssel mit mehreren Schlüsselweiten. Angefangen von 32-mm-Schlüsselweite zum Befestigen der Sauerstoffarmatur an die Flasche, den 17 mm zum Anziehen der Überwurfmutter des Sauerstoffschlauches oder die 8 mm für das Wechseln der Brennerspitzen. Wer von uns Modellbauern hat schon einen 32-mm-Schlüssel in der Schublade? Somit ist der Schlüssel eine durchaus nützliche Ergänzung. Ein stabiler Anzünder mit einem Feuerstein und eine getönte Schweißerbrille vervollständigen das Zubehörpaket. Sind Flussmittel und geeignetes Lot im Hause, kann sofort gelötet werden. Es bedarf wirklich keinerlei Zusatzwerkzeuge und damit hat Rothenberger ein Gerät auf dem Markt, das wie geschaffen für uns Modellbauer ist. Wie gesagt, wenn auch nicht alle, aber man kann etwa 90% unserer Lötarbeiten durchaus abdecken. Eins ist mir noch aufgefallen, da solche Geräte nichts auf dem Arbeitstisch oder der Werkbank zu suchen haben, sondern immer neben dem Tisch auf den Boden gehören, wären 80 bis 100 cm längere Schläuche vorteilhafter. Auch sollten die Schläuche, wenn es schon keine Doppelschläuche sind, mit Schlauchschellen verbunden sein.

Als letztes Gerät unter den Mobilen Systemen möchte ich eine Autogenanlage, die mit Acetylen/Sauerstoff arbeitet, vorstellen. Diese Anlage ist sozusagen ein High-End Produkt unter den hier vorgestellten Kompaktanlagen. Nun kann mit etwa 3.200°C und dazu noch größeren Einsätzen, jenseits von 6 bis 9 mm gearbeitet werden. Wir bewegen uns sozusagen in anderen Regionen. Nur so wird man einen größeren Kupferkessel löten können. Technisch betrachtet kann solch eine hohe Temperatur auch nur mit Acetylen und Sauerstoff erreicht werden, weil nur dieses energiereiche Gasgemisch dazu in der Lage ist. Auch in dieser Kategorie bietet die Fa. Greggersen aus Hamburg einige für uns interessante Geräte an, und zwar in tragbarer Ausführung mit 2×5-Liter-Flaschen und fahrbarer Ausführung als sogenannte Flaschenkarre mit 2×10-Liter-Flaschen. Ich entschied mich für die fahrbare 10-Liter-Variante. Allerdings war ich im Besitz von 2×20-Liter-Flaschen. Diese Flaschen sind im Durchmesser größer, in der Höhe aber etwas niedriger. Mit geringen Umbaumaßnahmen konnte die Greggersen-Flaschenkarre aber auch für meine Flaschen nun schon etliche Zeit ihren Dienst erweisen. Letztendlich habe ich mich für die 20-Liter-Variante entschieden, weil es eine gängige und damit kostengünstige Kombination darstellt und die Flaschen bei fast allen Gasehändlern getauscht werden können. Auch wollte ich die Sauerstoffflasche zum Umfüllen in die 2-Liter-Flasche des Ergomax-Systems nutzen. Für sehr viele Arbeiten ist das Ergomax-System unübertroffen, besonders in Verbindung mit dem Micromax-Handstück. Ging bei diesen Arbeiten der Sauerstoff zu Neige, konnte nun im Hause aus der 20-Liter-Flasche umgefüllt werden. Getauscht wird letztendlich immer nur die 20-Liter-Flasche.

Die Flaschenkarre wird als fahrbares Gerät in zwei Ausführungen angeboten. Beide Angebote können als Komplettgeräte geordert werden. Erstens mit einem Macromax-Handstück und zweitens mit dem bewährten, schon mehrfach erwähnten Ergomax-Handstück. Die Schweißeinsätze und Düsen sind jeweils darauf abgestimmt. Zum weiteren Lieferumfang gehören die Druckminderer in einstufiger Ausführung für Acetylen und Sauerstoff mit Rückschlagsicherung, eine Schlaucheinheit mit Verschraubungen von 10 m Länge, sechs bzw. fünf Schweißeinsätze von 0,5 bis 14 mm sowie einen Schneideinsatz mit Düsensatz bis 100 mm mit Führungs-Rollenwagen. Geräteschlüssel, Schutzbrille, Anzünder und Düsenreiniger vervollständigen das Gerät. Diese Teile sind in einem Blechkasten, der an der Flaschenkarre befestigt ist, immer griffbereit und somit ordentlich aufbewahrt. Wer keine Flaschen besitzt, kann die 10-Liter-Flaschen für Acetylengas und Sauerstoff bei Greggersen gesondert bestellen. Wer allerding nur gelegentlich größere Lötarbeiten ausführen will, für den ist die 5-Liter-Acetylen/Sauerstoff-Anlage in tragbarer Ausführung das richtige Gerät. Es sei noch erwähnt, dass im Acetylen/Sauerstoff Bereich das Handstück vom Typ Ergomax zwar von der Leistung betrachtet, mehr als ausreichend ist, aber im Gegensatz zum Ergomax Plus und Ergomax Eco, die mit Propangas betrieben werden, andere Einsätze erforderlich sind. Die Einsätze für Propan sind eindeutig mit einem „P“ gestempelt. Alle anderen Einsätze, die mit „A“ gekennzeichnet sind, können für Acetylen verwendet werden. Die Unterschiede liegen im Bereich der unterschiedlichen Fließgeschwindigkeiten und sind an anderer Stelle in diesem Buch beschrieben worden. Um nicht unnötig viele Gerätschaften anschaffen zu müssen, habe ich für Acetylen und Propan das Handstück Ergomax gewählt, somit kann in beiden Bereichen mit dem gleichen Handstück und den gleichen Schläuchen, aber dennoch unterschiedlichen Brennereinsätzen gearbeitet werden. Das Micromax-Handstück sollte allerdings nur für Arbeiten mit Propangas eingesetzt werden, es ist ja auch mit seinem Mikroeinsatz mit den Nadeldüsen für feinste Lötarbeiten prädestiniert, dabei ist nicht die wärmste, sondern die kleinste und spitzeste Flamme von Bedeutung. Anstelle der Nadeldüsen sind auch Schweißeinsätze aus Kupfer erhältlich, die wiederum mit Acetylen betrieben werden können.

Die richtigen Geräte für unterschiedliche Arbeitspraktiken

Zum Ende des vorherigen Kapitels sind einige Überlegungen zu den Gerätegrößen, den Gassorten und damit verbunden den unterschiedlichen Brennertypen und Größen gemacht worden. Um das noch etwas mehr zu konkretisieren und zu verdeutlichen werden hier noch einige Gerätschaften in Augenschein genommen, um dem Anwender ein breiteres Spektrum des Lötens aufzuzeigen. Es ist ja nicht gerade sinnvoll, mit einem Brenner der Größe 4-6 mm eine Relingstütze im Maßstab 1:50 an einem Schiffsmodell zu löten. Gerade im Schiffsmodellbau werden die Objekte meistens nicht von Masse, sondern von kleinen, filigranen Bauelementen beherrscht, die sehr wohl und dauerhaft hartgelötet werden können. Auf hinreichende schnelle Wärmezufuhr in das Lötobjekt ist schon mehrfach hingewiesen worden, das wird auch physikalisch immer so bleiben. Hier gilt nicht etwa das Weichlöten mit dem Lötkolben als erstrebenswert, sondern das Hartlöten mit hochsilberhaltigem Lot. Man denke nicht nur an besagte Reling, sondern auch an die Kräne, Ladebäume, Winden und oft an abenteuerlich wirkende Masten von Arbeitsschiffen. Man denke an gefederte oder einziehbare Fahrwerke an Flugmodellen. Man denke an die filigran wirkenden Gestänge und Einrichtungen an Modelldampfmaschinen, man denke an die Oberleitungsmasten und Brückenkonstruktionen bei der Modelleisenbahn. Es gibt unzählige Dinge, an denen Hartlötungen nicht nur die bessere Methode ist, sondern wo die Festigkeit eine Hartlötung zwingend erforderlich macht.

Diese Lötarbeiten erfordern eher eine dosierte Wärmezufuhr, als die geschilderte Schnelligkeit. Ist die Flamme zu stark eingestellt, können die kleinen Teile verbrennen, ja sogar wegschmelzen. Im Fall des Messinglötens ist die Gefahr besonders groß, da Messing bei ca. 900°C schmilzt. Ein dünner 1-mm-Draht ist da in kurzen Augenblicken weggeschmolzen, sodass wir uns wundern, wie schnell so etwas überhaupt geschehen kann. Kritisch wird es auch mit dem Schmelzen des Flussmittels. An ganz kleinen, filigranen Teilen haftet nur ganz wenig Flussmittel, geben wir zu viel Flussmittel an die Lötstelle wird das Meiste heruntertropfen. Wir haben gelesen, dass Flussmittel eine Wirktemperatur besitzen, innerhalb dieser Wirktemperatur soll das Lot angesetzt werden. Mit zu großer Flamme wird die Wirktemperatur sehr schnell überschritten, das Flussmittel verbrennt regelrecht und es wird mit dem Sauerstoff der Flamme eine sofortige Oxidation eintreten, eine einwandfreie Lötverbindung ist dann nicht mehr möglich, das Lot kann nicht haften und schon geht die Kleckerei los.

Für feine Arbeiten möchte ich nun ein Gerät vorstellen, welches geradezu prädestiniert ist, solche auszuführen. Ich habe mit ihm schon etliche Jahre recht erfolgreich im Modellbaubereich gearbeitet. Die Firma Greggersen bietet dafür ein ganz spezielles kleines Handstück an. Unter der Bezeichnung „Micromax“ ist ein kleiner Handgriff mit speziell dafür abgestimmten Einsatzbrennern und auswechselbaren Düsen im Programm. Mit „-max“ werden eigentlich alle Brennergrößen bei Greggersen bezeichnet, es ist der Micromax, Ergomax, Macromax und Megamax, mit jedem Handstück steigert sich die Leistung und natürlich die Brennergröße. Mit dem Micromax und dem Ergomax stehen uns zwei Geräte zur Verfügung, mit denen wir alle unsere Lötarbeiten im Modellbau abdecken können. Wie der Name es schon sagt, der Micromax ist ein Klein-Gerät mit einem scharf abgegrenzten Flammenkegel, der besonders für punktförmige Erwärmung an kleinen Teilen und damit für feinste Schweiß- und Lötarbeiten geeignet ist. Mit seinen Nadelventilspindeln lassen sich die Gase absolut präzise regulieren. Der Micromax besteht im Kern aus einem Kleinhandgriff, welcher für alle Brenn-

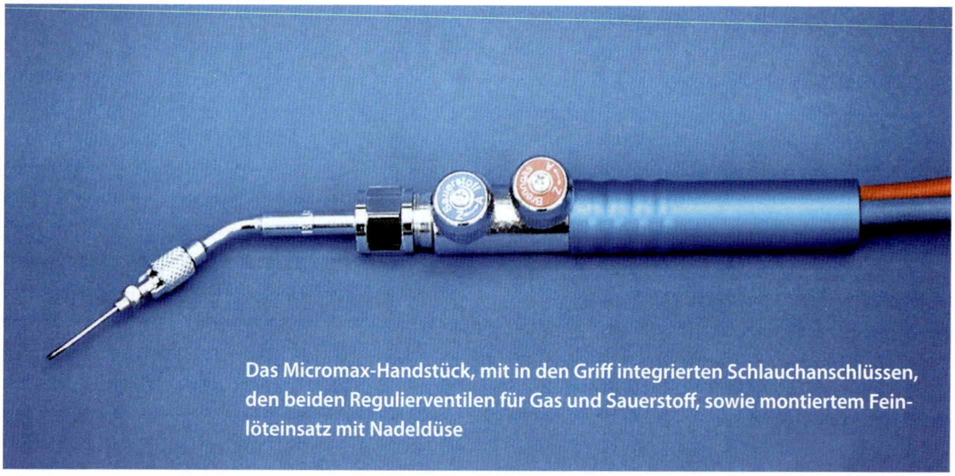

Das Micromax-Handstück, mit in den Griff integrierten Schlauchanschlüssen, den beiden Regulierventilen für Gas und Sauerstoff, sowie montiertem Feinlöteinsatz mit Nadeldüse

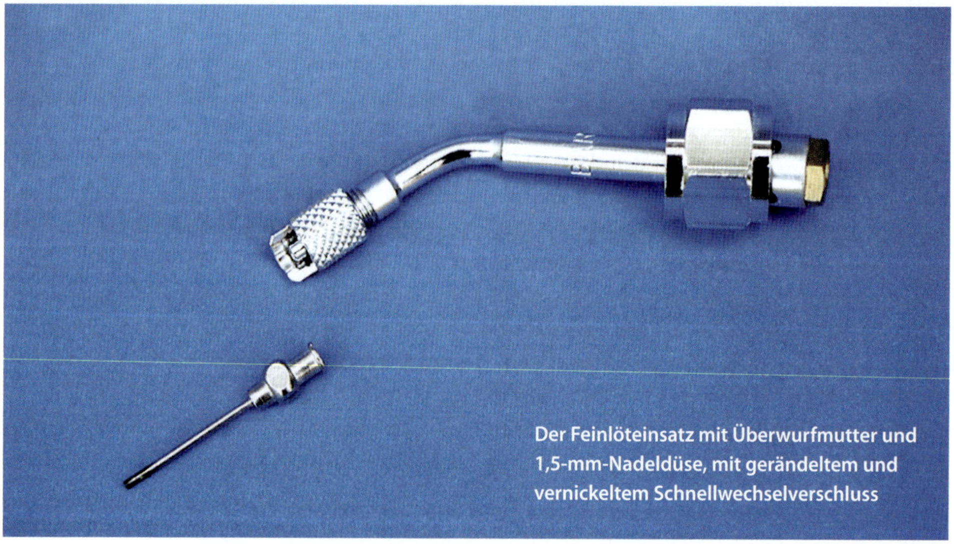

Der Feinlöteinsatz mit Überwurfmutter und 1,5-mm-Nadeldüse, mit gerändeltem und vernickeltem Schnellwechselverschluss

gase von Acetylen über Propan und Erdgas bis hin zu allen üblichen und gängigen Brenngasgemischen, in Verbindung mit Sauerstoff, geeignet ist. Das Gerät ist überall dort einsetzbar, wo kleine und kleinste Teile gezielt mit einer scharf abgrenzenden Flamme gelötet werden sollen. Insbesondere in der Schmuckindustrie, in Dentallaboren, im Modellbau sowie in der Elektro- und Elektronikindustrie. Der Micromax-Handgriff ist sehr leicht und handlich gestaltet, die Schläuche sind innerhalb des Griffes fest angeschlossen und damit sind die Schlauchnippel total geschützt. Es sind Minischläuche mit den Abmessungen DN 3,2×1,8 mm mit einer Länge von 2 Metern. Wer will, kann auch längere Schläuche nachbestellen. Wie üblich sind sie am Ende mit Schlauchnippeln und Überwurfmuttern versehen, die nach Norm mit Linksgewinde für den Gasanschluss und normalem Rechtsgewinde für den Sauerstoffanschluss ausgeführt sind. Dadurch ist eine Verwechselung unmöglich.

Zum Handstück kann ein spezieller Einsatz mit vier Düsengrößen zur Grundausstattung gehören. Ich habe bewusst das Wort „kann" gewählt, weil jeder andere Brenner für den Ergomax auch für den Micromax verwendet werden kann. Außerdem sind noch drei Größen von auswechselbaren Düsen in Kupferausführung erhältlich. Dieser Micro-Einsatz mit Schellwechselverschluss ist ein Allgas-Mischeinsatz auf Injektorbasis und ist somit besonders sicher gegen Gasübertritte. Der Schnellwechselverschluss lässt ein schnelles Wechseln der Düsen, ohne zusätzliches Werkzeug zu.

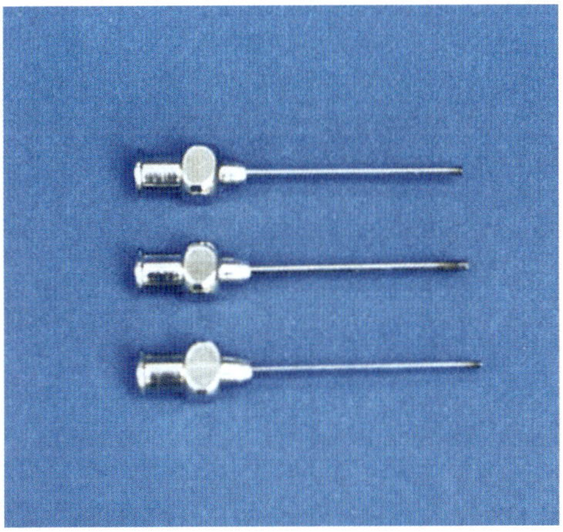

Drei weitere Nadeldüsen der Größen 0,8, 1,0 und 1,2 mm, insgesamt stehen vier Nadeldüsen für die feinsten Arbeiten zur Verfügung

Für das Brenngas Propan stehen vier Nadeldüsen zum Wechseln zur Verfügung. Die Düsen sind aus Stahl gefertigt und hartverchromt. Aufgrund der hohen Heizkraft einer Acetylen/Sauerstoffflamme werden hier zur besseren Wärmeableitung Kupferdüsen verwendet, die zusätzlich außen mit Einstichen versehen sind. Alle Düseneinsätze werden im vorderen Bereich des Handgriff-Einsatzes mit einer gerändelten Überwurfmutter von Hand gewechselt und eingespannt. Der Micromax wird mit den Propangasdüsen mit einem maximalen Sauerstoffdruck von 1 bar betrieben. Meine Erfahrungen haben gezeigt, dass für bestimmte feine Arbeiten mit der 0,8-mm-Düse der Sauerstoffdruck noch weiter gesenkt werden kann. Bis etwa 0,5 bar ist das absolut machbar, ich habe ganz feine Arbeiten mit 0,4 bar ausgeführt. Zu diesem Zweck bietet Greggersen einen Druckminderer, einen sogenannten Feindruckregler an. Er ist mit einer eigenen Einstellschraube versehen, hat eine Manometer-Einteilung bis 1,5 bar und kann somit sehr gut in den geringen Druckbereichen eingestellt werden. Er wird einfach in Reihe mit dem normalen Flaschendruckminderer geschraubt und bildet dann einen zweistufigen Minderer, der den Druck genau hält. Die Flamme lässt sich sehr spitz und scharf einstellen und ist somit prädestiniert für feinste Lötarbeiten, wie sie in besagten Einsätzen immer wieder zu finden sind.

Ein weiteres interessantes Gerät ist der Gassparer. Haben wir viele Lötpunkte, die mit Unterbrechungen zu löten sind, ist der Gassparer ein nicht zu unterschätzendes Hilfsmittel.

Der Gassparer mit dem Justierventil der Pilotflamme, in der Gabel befindet sich der Micromax-Handgriff mit Nadeldüseneinsatz

Man hängt zur Unterbrechung das Handstück in eine Gabel, die beweglich am Gassparer integriert ist. Durch das Gewicht des Handstückes mit Brennereinsatz und dem Hebelarm des Gabelgestänges schließen Ventile die Gaszufuhr zum Handstück. Die Flamme erlischt, solange das Handstück auf der Gabel ruht, bleibt die Flamme erloschen. Zum Wiederzünden befindet sich oben auf dem Gassparer eine kleine Düse, mit dieser wird über einen Bypass ein kleines Flämmchen aufrechterhalten. Dieses Flämmchen kann mit einem eigenen Nadelventil justiert werden. Beim Wiederzünden erfolgt die eigentliche Arbeitserleichterung: Der Brenner braucht nach der Unterbrechung nicht wieder neu eingestellt werden. Allein diese Tatsache, dass sofort mit der gleichen Flamme wieder weitergelötet werden kann, erspart nicht nur Zeit, sondern auch wertvolle Gase. Wollen wir nun etwas größere Lötarbeiten ausführen, z.B. das besagte Löten von Kupferkesseln im Modellbau, wäre die Leistung des Micromax-Handstücks nicht mehr ausreichend. Da geht dann kein Weg an einem größeren Gerät vorbei, wir brauchen einfach mehr Leistung, mehr Wärme und eine größere, intensivere Flamme. Wie schon gesagt, kann mehr Leistung eigentlich nur durch größere Brenner mit größeren Düsen und dementsprechend mehr Gasdurchsatz erfolgen. Natürlich steigt auch der Gasverbrauch an und die Drücke müssen der neuen Situation angepasst werden. Bei diesen Arbeiten sind Blechstärken von 2, 2,5 oder sogar 3 mm die Regel. Da Kupferblech nun ein wirklich guter Wärmeleiter ist, beim Lötvorgang ist das ein entscheidender Nachteil. Es wird sehr viel Wärmeenergie ins Material einfließen, weil nicht nur die eigentliche Lötstelle angewärmt werden muss, sondern auch die weitere Umgebung, da in diese Umgebung die Wärme hinzieht, sozusagen von der Lötstelle weg. Das ist die kritische Situation, bis man die Lötstelle auf Solidustemperatur gebracht hat, vergeht schon einige Zeit und wir wissen ja, dass wir zum Löten keine verschenkte Zeit gebrauchen können. Der Micromax wäre total überfordert und ob er es überhaupt schafft in angemessener Zeit die Temperatur zu bringen und zu halten ist mehr als fraglich.

Dieses Kapitel ist ja mit der Überschrift „Die richtigen Geräte für unterschiedliche Arbeitspraktiken" versehen. Das trifft nun auch im praktischen Sinn zu und wir brauchen für solche Arbeiten ein anderes, leistungsstärkeres Gerät. Ein anderes Handstück wird benötigt, der nächstgrößere Handgriff wäre der „Ergomax", mit diesem handlichen Gerät habe ich alle bisher angefallenen Arbeiten ausführen können. Ein größeres Handstück würde zwar ebenso gut unsere Arbeiten erledigen können, zum Teil eventuell sogar noch etwas schneller, aber auch der Verbrauch von technischen Gasen würde enorm in die Höhe schnellen. Der Ergomax ist ein Gerät in Ganzmetallausführung und somit ein robustes und hochwertiges Profihandstück. Mit seinen 400 Gramm kann es als Leichtgewicht gelten, was sich positiv in der Handhabung niederschlägt. Auch dieses Handstück kann man als Universalausführung bezeichnen, es können Acetylen, Wasserstoff, Propan oder Stadtgas Verwendung finden. Auch hier erfolgt die Anpassung der verwendeten Gase in den Mischrohren der Schweiß- und Löteinsätze. Bei einer Bestellung dieser Einsätze muss das verwendete Gas angegeben werden. Der Ergomax kann als Komplettsystem im Blechkasten erworben werden, oder aber auch als „Mobiles System" im Tragestell und sogar als 10-Liter-System mit einer Flaschenkarre. Auch die verwendeten Einsätze sind als Komplettsysteme im Blechkasten zu bekommen, sie beinhalten meist den Handgriff bis zu sechs unterschiedliche Schweißeinsätze, Wechseldüsen, Düsenbohrer und oft sogar einen Schneidbrenner. Da wir Modellbauer wohl niemals einen Schneidbrenner in die Hand nehmen werden, bin ich froh, dass der Hersteller auch Komplettkoffer ohne Schneidbrenner anbieten. Sozusagen: Genau wie für uns geschaffen! Sind wir nun schon im Besitz eines Gas/Sauerstoffgerätes, z.B. den Ergomax Plus mit Micromax-Handstück, haben also schon Flaschen im Einsatz, können wir auch das Ergomax-Handstück – eventuell mit ein oder zwei Einsätzen – ein-

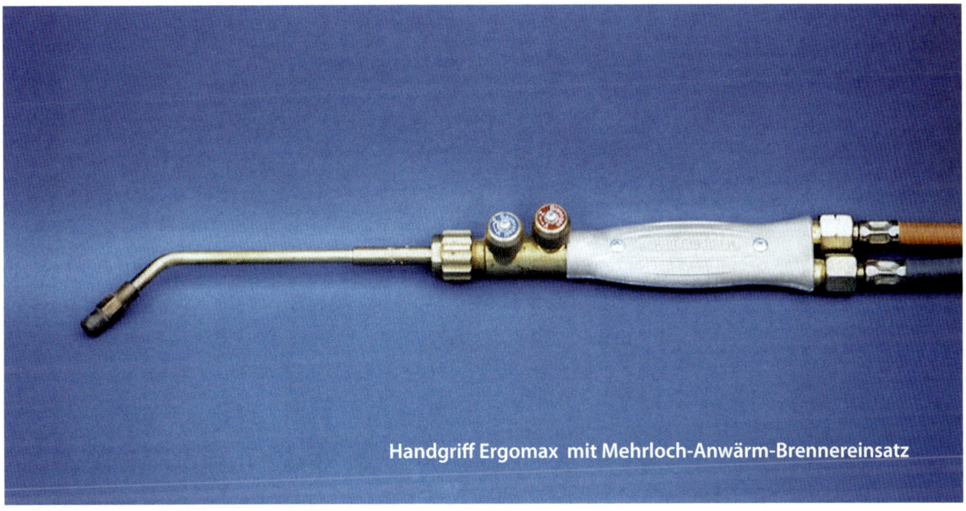

Handgriff Ergomax mit Mehrloch-Anwärm-Brennereinsatz

Ersatzteile | Handgriff Ergomax

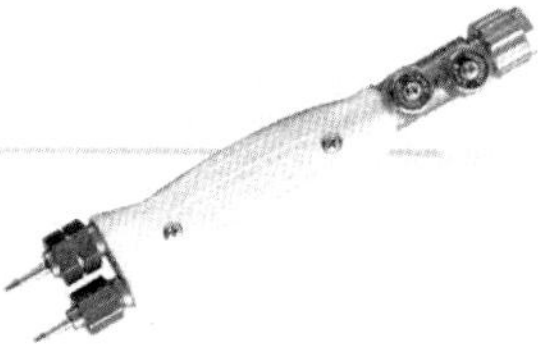

Linsenschraube M 3 x 8 verzinkt	100041
Linsensenkschraube M 4 x 20 verzinkt	100047
Ventilgehäuse mit Schraubtüllen	750102
Ventilgehäuse mit festen Tüllen	750103
Griffschalenpaar	750109
Miniventilspindel	750111
Stopfbuchsenscheibe Teflon	750113
Stopfbuchsenscheibe Messing	750114
Stopfbuchsenmutter M 12 x 1	750115

Handrad	750116
Überwurfmutter M 16 x 1	750160
Gasartschild Sauerstoff Alu 14 mm	750171
Gasartschild Brenngas Alu 14mm	750181
Schlauchtülle G 1/4"	91120
Schlauchtülle G 3/8"	91123
Überwurfmutter G 1/4"	91160
Überwurfmutter G 3/8" lks	91163
Ventileinsatz Sauerstoff komplett	750117
Ventileinsatz Azetylen komplett	750118

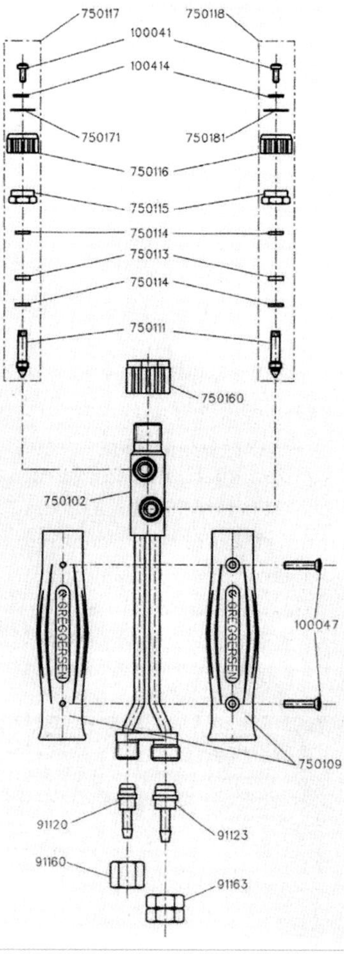

Die Ersatzteilliste des Greggersen-Handgriffes „Ergomax". Sämtliche Ersatzteile mit einer Nummer sind als Einzelteile zu bekommen

zeln kaufen, sozusagen als ideales Ergänzungsgerät. Sämtliche Einzelteile vom Handstück über sieben Schweißeinsätze, vier Anwärmeinsätze mit Brausekopf bis hin zu Gabelbrennern und Weichloteinsätzen, jedes Teil hat seine eigene Bestell-Nummer und kann einzeln geordert werden. Mit beiden Geräten, dem Micromax und dem Ergomax sind wir nicht nur in der

Lage, sämtliche anfallende Arbeiten auszuführen, sondern beide Geräte sind kompatibel. Das ist der Vorteil, wenn man alles aus einer Hand bezieht. Mit der Greggersen-Kompatibilität ist der Tausch sämtlicher Einsätze und Brenner gemeint. Beide Handstücke, der Micromax und der Ergomax haben den gleichen Schaftdurchmesser von 12,5 mm. Mit Schaftgröße sind der Durchmesser der Bohrung im Handstück und der Durchmesser des Dichtelementes der Einsätze gemeint, da wo der Einsatz mit der Überwurfmutter gesichert wird. Alle Ergomax-Einsätze können problemlos im Micromax-System – und umgekehrt – betrieben werden. Das ist ein nicht zu unterschätzender Vorteil und kann sich im praktischen Einsatz bewähren, es spart sogar Kosten für Einsätze und Brenner.

Das nächstgrößere Handstück wäre der Macromax, er besitzt eine Schaftgröße von 18 mm, bedingt durch die größeren Bohrungen. Dafür müssten sämtliche Schweißeinsätze und Brenner abgestimmt sein, das heißt, alle Zusatzgeräte müssen neu erworben werden. Außerdem ist für unsere Modellbauarbeit diese Größe etwas überdimensioniert, es steigt der Gas- und Sauerstoffverbrauch unnötig an. Als äußerst unwirt-

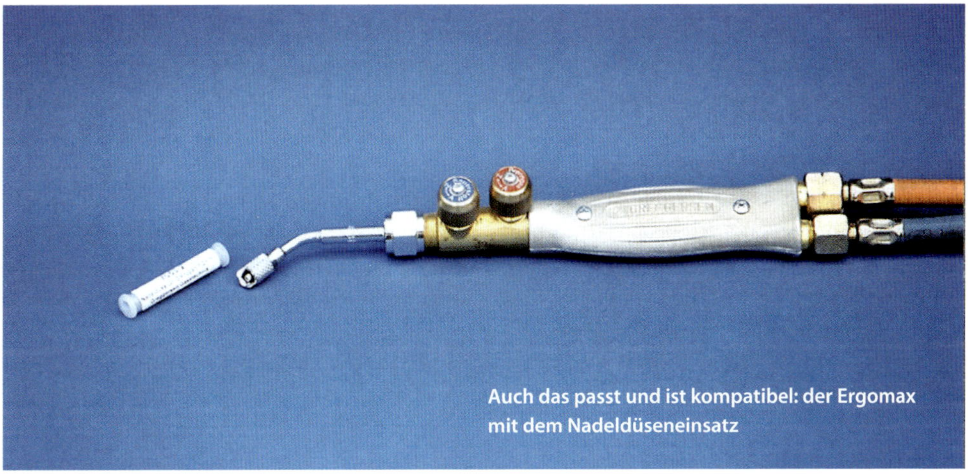

Auch das passt und ist kompatibel: der Ergomax mit dem Nadeldüseneinsatz

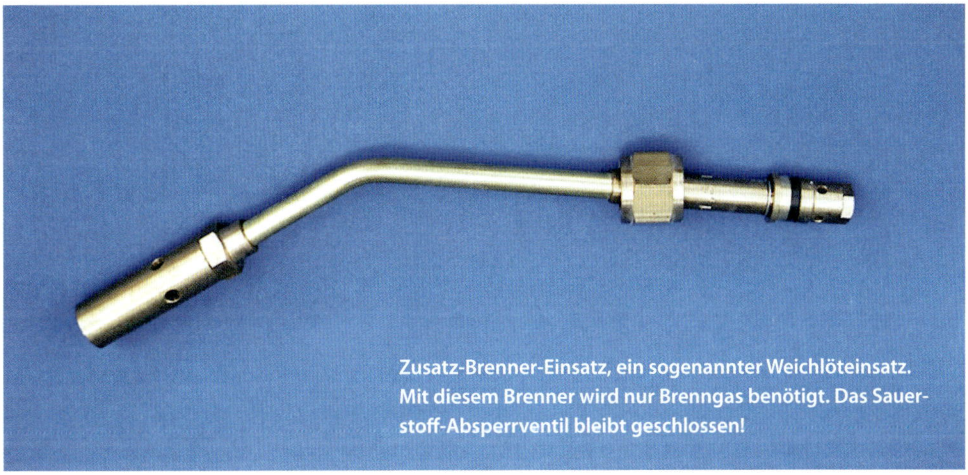

Zusatz-Brenner-Einsatz, ein sogenannter Weichlöteinsatz. Mit diesem Brenner wird nur Brenngas benötigt. Das Sauerstoff-Absperrventil bleibt geschlossen!

schaftlich würde sich erweisen, wenn wir zwei unterschiedliche Handstücke, also auch unterschiedlicher Größe und verschiedener Hersteller erwerben. Dazu müssten dann für jedes Handstück passende Einsätze gekauft werden. Da ist die angesprochene Kompatibilität nicht nur preislich, sondern auch im Handling, ein großer Vorteil. Begnügen wir uns nur mit den zwei Systemen und lassen die 18-mm-Variante weg, werden wir mit Sicherheit alle unsere Lötarbeiten zur vollsten Zufriedenheit ausführen können.

Ich habe hier nur zwei Produkte einer bestimmten Firma angesprochen, das soll absolut keine Wertigkeit darstellen, ähnliche Produkte anderer Firmen sind mit Sicherheit nicht schlechter oder besser einzustufen, sie werden ihren Zweck und Aufgaben genauso gut erfüllen. Ich kann und ich möchte hier aber nur die Produkte beschreiben, mit denen ich persönlich nun schon seit Jahrzehnten erfolgreich gearbeitet habe, da kann ich behaupten: Diese Gerätschaften sind in Ordnung, das Handling mit ihnen bewirkt einen sicheren Umgang und es stellt sich letztendlich eine erfolgreiche Arbeit ein. Einen Ratschlag möchte ich unbedingt noch loswerden: Sind wir nun bereit, uns eine Löt- und Schweißausrüstung zuzulegen – billig sind diese Geräte nicht – sollten wir nicht in den nächstgelegenen Verkaufstempel stürmen und uns – wie Herr Mustermann – mit irgendwelchen Billiggeräten eindecken, wir merken das spätestens im Umgang während des praktischen Arbeitseinsatzes. Der richtige Weg führt unweigerlich über einen Fachmann aus dem Schweißbedarf-Fachhandel. Hier bekommen wir die notwendige fachliche Beratung, hier können wir auch einmal nach den Greggersen-Produkten fragen, eine zweite oder sogar dritte Meinung kann niemals verkehrt sein. Hier können wir fragen, ob es Nachrüstwerkzeuge gibt, ob Ersatzteile auf Lager sind oder beschafft werden können und letztendlich bekommen wir hier immer das richtige Lot, ob als Stab, als Draht oder Blechstreifen, auch das wird uns hier noch unterbreitet und wir merken erst bei dieser Beratung, dass es etliche Artikel im Bereich Hartlöten gibt, die wir noch nicht kennen, die auch nirgends in den Baumärkten zu finden sind.

Der Arbeitsplatz: gut gelüftet – aber mit Feuerlöscher

Ein sehr wichtiges Thema bildet die Ausstattung und Ausrüstung des Arbeitsplatzes. Wo darf und kann ich gefahrlos löten? – darüber wird kaum gesprochen.

Im Kapitel über die Gase haben wir gelesen, dass diese Behälter und Flaschen nicht in Kellern, Treppenhäusern oder Fluren gelagert werden dürfen. Arbeiten dürfen wir in diesen Räumen ebenso wenig. Natürlich dürfen wir in normalen, oberirdischen Räumen gewisse Lötarbeiten ausführen. Einige Modellbaufreunde haben ihre Werkräume auf dem Dachboden des Hauses eingerichtet, auch dort darf gelötet werden. Allerdings sind Lagerung und Handhabung von Gas und Sauerstoff kritisch zu betrachten. Idealerweise könnte man mit den Gerätschaften in die Garage wandern und entsprechend nur dort seine Lötarbeiten ausführen. Die Bezeichnung „Garage" definiert sich ja als Abstell- oder Reparaturplatz für Kraftfahrzeuge. Ist unser Auto darin abgestellt, wird das Lagern und Arbeiten mit Gas und Sauerstoff äußerst kritisch. Bei der Bauendabnahme meines Eigenheimes hatte der Beamte der Baubehörde beanstandet, dass ich das gelbe Schild „Garagenanlage: Rauchen, Feuer und offenes Licht polizeilich verboten!" nur auf einer Fensterbank, innerhalb der Garage, abgestellt und nicht fest an die Wand montiert hatte. Ich möchte das hier nicht weiter kommentieren, es muss aber einen Grund geben, so ein Schild fest an die Garagenwand anzubringen. Wird die Garage auch als solche genutzt, das heißt, ein Kraftfahrzeug wird darin eingestellt, wird das nichts mit Löten oder Schweißen. Wird allerdings so ein „Raum", ich sage bewusst nicht Garage, nicht als Einstellplatz für Autos genutzt, kann es natürlich als Arbeitsplatz zum Löten und Schweißen genutzt werden. In solchen Räumen darf aber dauerhaft kein Kraftfahrzeug abgestellt werden, sie dürfen nicht als Garage deklariert sein. Der Arbeitsplatz sollte immer aus gut durchlüfteten Räumen bestehen. Haben wir Tür und Fenster, kann für genügend Durchzug und Frischluft gesorgt werden, es wäre ein guter Arbeitsplatz. Solange wir nur mit kleinen Gaskartuschen arbeiten wollen, ist dies fast in alle Räumen des Hauses möglich, außer natürlich in Kellerräumen. Hantieren wir allerdings mit Gas und Sauerstoff sind einige Überlegungen anzustellen. Prinzipiell ist es möglich, sogar im Freien zu löten, nur ist das unter Umständen nicht gerade praxisgerecht.

Man stelle sich einmal folgendes Szenarium vor: Es ist Samstagnachmittag, die Zeit ist vorhanden in Ruhe ein Innenrohrbündel des neuen Dampfkessels zu löten. Im Garten wird ein Tisch aufgebaut, das Gas/Sauerstoffgestell steht auf dem Rasen daneben, es wackelt zwar bedenklich, aber es fällt nicht um. Die Schläuche und der Brenner sind montiert, das gesamte Gebrauchs- und Verbrauchsmaterial ist rausgeschleppt worden. Es fehlen noch die Schamottsteine, dann kann es losgehen. Etwas Wind kommt auf, er behindert das Anzünden des Gasgemisches. Endlich ist die Flamme eingestellt und der Anwärmprozess kann beginnen. Nach kurzer Zeit merken wir, hier stimmt etwas nicht, das Kupfer müsste längst die Löttemperatur erreicht haben. Der Wind hat zwar nicht die Flamme ausgeblasen, aber er hat jede Menge an Wärmeenergie einfach wegtransportiert. Die Sonne kommt hinter einer Wolke zum Vorschein, das Flussmittel ist noch nicht ganz flüssig, nur sehen wir dies nicht so richtig, die Sonne blendet. Zwischenzeitlich sind die Flaschen umgefallen, die Arbeit muss unterbrochen werden. Nein, so etwas kann man nicht als praxisgerechten Arbeitsplatz bezeichnen.

Bleiben wir aber dennoch an der frischen Luft. Viele Hausbesitzer verfügen, wenn auch nicht über einen kompletten Wintergarten, so doch über eine Überdachung mit Windschutz. Das wäre schon eine sehr gute Möglichkeit, sich da einen geeigneten Arbeitsplatz einzurichten. Meistens ist natürlich die Chefin der Küche auch die der Terrasse mit Überdachung. Ob dann ein dauerhafter Platz eingerichtet werden kann, der auch einige Zeit stehen bleiben soll, das bedarf sicherlich größerer Überredungskunst. Wenn aber ein transportabler Arbeitstisch oder Schrank die Lösung bieten kann, sollte man durchaus Überlegungen anstellen, dies zu verwirklichen.

Ich habe mir eine ähnliche Lösung eines transportablen Arbeitsplatzes geschaffen, welchen ich hier vorstellen möchte. Eventuell kann der ein oder andere Modellbaufreund sich etwas davon abschauen. Die Grundvoraussetzung bildet bei mir ein Gartenhaus mit angrenzender 1,8 Meter breiter, freistehender Überdachung. Im Regelfall sind unter diesem Vor- Über- oder Abdach, je nach Betrachtungsweise, die Abfall- und Restwertstofftonnen untergestellt. Die Behälter unserer Entsorgungsorgien müssen ja auch irgendwo ihren Platz finden.

Hier befindet sich nun mein neuer Lötbereich, mein neuer Arbeitsplatz. Hier habe ich

Unter dem Dachüberstand stehen im Normalfall die Wertstofftonnen

Die Versorgungssäule auf dem Unterschrank fest montiert mit Schamottstein und Wärmeschutzplatten

ein Dach über dem Kopf, stehe sozusagen nicht im Regen, hier fühle ich mich sicher, hier darf ich mit Gas und Sauerstoff hantieren und ich bin an der frischen Luft. Aber nicht nur die frische Luft wirbt für diesen Arbeitsplatz, unter dem Vordach herrscht immer ein diffuses Licht, welches beim Lötvorgang gewisse Vorteile birgt. Im Schatten und nicht im hellen Sonnenlicht sieht man die sogenannten Anlassfarben der Metalle besonders gut. Zum Beispiel sieht man die Verfärbung von Kupfer ins Dunkelrote ganz genau. Dies ist die Solidustemperatur und zeigt den Zeitpunkt, an welchem das Lot zugesetzt werden kann. Ich habe zwar eine Lichtquelle über dem Arbeitsplatz angebracht aber sie wird beim Löten nicht eingeschaltet. Als Arbeitstisch wird ein Unterschrank aus der Küchenproduktion verwendet. Ob dieser nun schon eine Arbeitsplatte besitzt oder aus der Anbauküche ohne diese erworben wurde, ist nicht so relevant. Viele Holzhändler bieten Reststücke solcher beschichteten Arbeitsplatten an oder wir nehmen eine Leimholzplatte aus dem Baumarkt, es wird sich bestimmt etwas Passendes

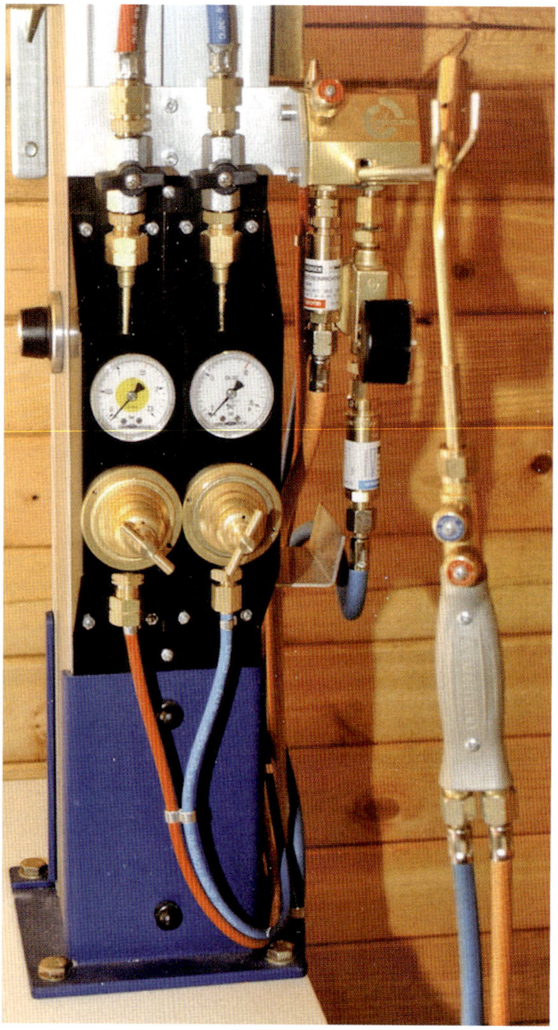

Die Absperrventile (auf dem Foto geschlossen) darunter die Druckmanometer und die Druckregelventile für Acetylen und Sauerstoff

finden lassen. Der Unterschrank besitzt zwei Schubladen und zwei Türen, hier können alle Utensilien, die zum Löten gebraucht werden, ihren Platz finden.

Auf der Arbeitsplatte habe ich eine sogenannte Versorgungssäule fest aufgeschraubt. Diese Versorgungssäule ist eigentlich für fest eingerichtete Löt- und Schweißarbeitsplätze in der Industrie gedacht. Sie werden meist von einem zentralen Gas- und Sauerstofflager mit festen Rohrleitungen versorgt, das geschieht meist im Mitteldruckbereich. Die eigentlichen Druckregler, die den Druck am Handstück anzeigen, sind an der Säule befestigt, es wird sozusagen mit zweistufiger Druckregelung gearbeitet. Es befinden sich noch zwei Absperrventile vor den Reglern, mit denen von Hand die Versorgung gesperrt werden kann. Innerhalb der Säule befinden sich noch zwei Anschlüsse für Druckluft und Schutzgas, wie sie in der Industrie öfters, neben den Gasanschlüssen zu finden sind. Bei mir ist an der Säule noch der Gassparer angebracht, er ist damit genau da, wo man ihn auch braucht, nämlich als Rechtshänder auf der rechten Seite des Schrankes. Es ist

Der Gassparer mit der langen Einhängegabel, darunter befindet sich der zweite Druckregler für die Feinjustierung des Sauerstoffdruckes beim Einsatz des Micromax-Handstückes mit Nadeldüsen. Im normalen Lötprozess wird dieser Feindruckregler demontiert

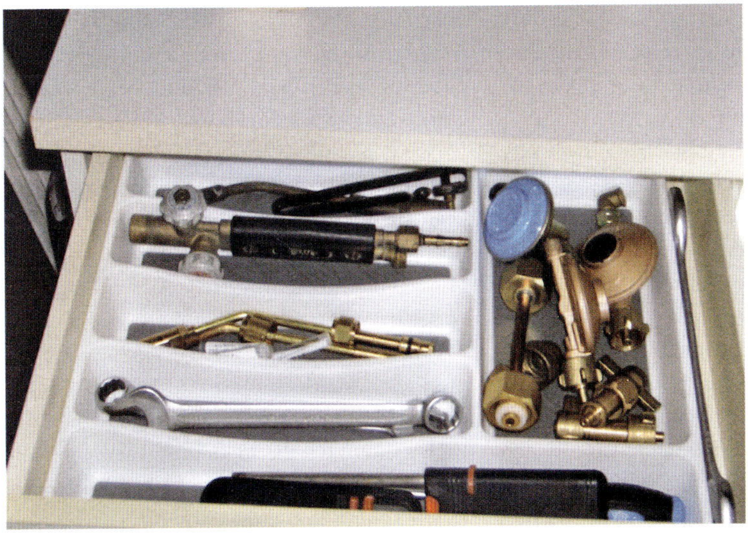

Im Besteckkasten sind Brennerspitzen, Nadeldüsen, Anzünder, Umfülladapter sowie Montageschlüssel für die Schläuche und Druckminderer immer griffbereit aufbewahrt

Umfüllstation für Propan-Gasflaschen. Beim Umfüllen muss die Spenderflasche auf dem Kopf montiert werden

für einen ergonomisch gestalteten Arbeitsplatz schon wichtig, die Arbeit und damit das Handling während des Arbeitsprozesses, so einfach wie möglich zu gestalten.

Hinter dem Gassparer ist bei mir noch der Feindruckregler in die Sauerstoffverbindung integriert, der für den Micromax mit Nadeldüsen, dann den nochmals verminderten Sauerstoffdruck regelt. Zwei Sicherheits-Rückschlagventile bilden den Ausgang an der Säule, hier werden die Schläuche des Handstücks angeschraubt. Die komplette Säule besteht aus einem stabilen Vierkant-Alu, der 120×120 mm im Quadrat misst und 800 mm lang ist. Unten befindet sich ein Stahlblechfuß, welcher hochkant auf die Arbeitsplatte geschraubt wird. Wird längere Zeit eine Unterbrechung der Lötarbeit eingeplant, kann die Säule abgeschraubt werden und unten in den Schrank wandern. Eine sehr wichtige Einrichtung, die Umfüllstation für Propangas, das heißt die Halterungen der Spenderflasche, die ja auf dem Kopf stehen muss, habe ich auch an dieser Säule angebaut. Das Prinzip der „mobilen Geräte“ besteht in der Praxis aus folgenden Überlegungen: Morgens zum Arbeitseinsatz nimmt der Installateur die Station mit auf die Baustelle, nach Arbeitsende wird die Station mit in die Werkstatt genommen und sollte dort noch am selben Tag wieder aufgefüllt werden. Sie steht somit für den nächsten Tag wieder gefüllt im Kundendienstwagen.

Genau dieses Prinzip müssen auch wir uns zu eigen machen und eine geeignete und sichere Umfüllstation konstruieren, um von z.B. einer 5-Liter-Propanflasche das Gas in die 425-Gramm-Flasche umzufüllen. Im unteren Bereich des Schrankes werden bei mir noch die Gasflaschen und Kartuschen aufbewahrt. Des Weiteren befinden sich hier noch Wärmeschutzplatte einige Schamottsteine, Verbindungsschläuche und die Schutzkappen der Druckflaschen. Die müssen ja beim nächsten Transport, das heißt beim Umtausch, wieder aufgeschraubt werden – wir wissen, das ist Vorschrift. In den Schubladen sind einige Einsätze mit Brennern, Anzündern, allen benötigten Schlüsseln und Hilfswerkzeugen untergebracht. Ein sogenannter Besteckkasten aus der Küche kann hier sehr hilfreich sein, diese Teile ordnungsgemäß aufzubewahren. Wir sehen, dass alle benötigten Werkzeuge und Geräte zentral aufbewahrt und somit immer am Arbeitsplatz vorhanden sind. Wenn man mit solcher Ausrüstung, die ja transportabel ist, längere Zeit gearbeitet hat, dann wieder weggeräumt hat und beim nächsten Mal merkt, dass trotzdem immer alles an Ort und Stelle ist, wird man das zu schätzen wissen.

Unter den Schrank habe ich vier Rollen montiert, zwei Bockrollen und zwei Lenkrollen mit Feststellvorrichtung. Hier sollte man in das Fach greifen, wo die soliden und stabilen Rollen lagern, es gibt nämlich auch ungeeignete, meistens aus Plastik, die dann oft nach einigen Bewegungen ihren Geist aufgeben. Arbeiten wir nun mit einem Kompaktgerät oder einer mobilen Station, ob als Tragestell oder als Flaschenkarre, diese Geräte werden immer neben dem Arbeitstisch auf dem Boden platziert. Auch die

Die Flaschenkarre der 20-Liter-Flaschen steht immer neben dem Arbeitstisch, ebenfalls befindet sich die „mobile Station", das Gestell des Ergomax-Eco, auf dem Boden.

Im Unterschrank befinden sich Kleingeräte, Propangasflasche, die Schutzkappen der 20-Liter-Flaschen, Schamottsteine und Feuerschutzmatten und immer griffbereit der Feuerlöscher

Blechkoffer, die sehr gern von Installateuren benutzt werden und auch für unsere Arbeiten ideal zu gebrauchen sind, auch diese Koffer kommen neben der Werkbank zu stehen.

Hierbei sollte man auf eine ausreichende Länge der Verbindungsschläuche achten, sie dürfen nicht gezogen oder geknickt werden. Auf gar keinen Fall dürfen die Geräte auf der Werkbank oder dem Arbeitstisch ihren Platz finden. Erstens ist auf der Werkbank meistens gar kein Platz vorhanden, zweitens würden die Schläuche auf dem Arbeitsplatz herumliegen und drittens würden die Flaschen unter Umständen im Wärmestrom der Flamme stehen und einer verbotenen Erwärmung ausgesetzt. Ich möchte es nicht erleben, wenn ein Schlauch durch Erhitzung mit der Flamme zum Platzen gebracht wird. Also: Schon aus diesen sicherheitsrelevanten Gründen und zur eigenen Sicherheit haben die Flaschen auf der Werkbank nichts zu suchen und gehören immer auf den Boden. Ein sicheres Gestell oder eine Flaschenkarre, die ein Umfallen verhindert, ist ebenfalls von großer Bedeutung.

Mit den Rollen ist dieser Arbeitstisch sehr schnell an seinen Platz geschafft und ebenso schnell wieder weggeräumt. Die Arbeitsplatte ist 1 Meter breit und 50 cm tief, für die meisten Arbeiten dürfte diese Größe ausreichend sein. Bei mir ist der Arbeitstisch in besagter Blockhütte deponiert. Wer will kann noch einen Schraubstock montieren, ein Muss ist das aber nicht, es liegt immer an den Arbeitspraktiken, die man ausführen will. Zu Arbeitsbeginn werden die Wertstofftonnen an die Seite gefahren, der Arbeitstisch an diese Stelle gerollt, die Flaschen danebengestellt und die Verbindungsschläuche der Versorgungssäule angeschlossen. Die Arbeit kann beginnen, denn alles andere ist automatisch an seinem Platz. Nein nicht alles! Eines wird nicht im Schrank und damit in der Blockhütte aufbewahrt, das ist das flussmittelumhüllte Lot. Diese Stäbe wären in der Blockhütte der Luftfeuchtigkeit ausgesetzt, die Luftfeuchtigkeit dringt in das umhüllte Flussmittel, es weicht auf und bricht regelrecht vom Metallstab ab und bleibt als Krümel in der Verpackung. Dafür sind mir diese Arbeitsmittel einfach zu teuer, ich bewahre sie im Heizungskeller auf. Im Unterschrank befindet sich noch ein Feuerlöscher, zum Glück ist er bei mir noch nicht zum Einsatz gekommen, aber sicher ist sicher. Auf jeden Fall beruhigt so ein Gerät während gewisser Lötarbeiten ungemein.

Anhang

Chemische Grundstoffe (Elemente)

In diesem Buch sind immer wieder die chemischen Grundstoffe und deren Kurzzeichen aufgeführt worden. Alle Elemente haben ein genormtes Kurzzeichen und werden in Metalle und Nichtmetalle unterschieden.

Dies sind die wichtigsten chemischen Grundwerkstoffe und deren chemischen Zeichen, die immer wieder in Formeln und Legierungen angegeben werden, sei es in den Grundwerkstoffen oder in den Loten. Des Weiteren sind die einzelnen %-Angaben der Zusammensetzungen von großer Wichtigkeit.

Grundwerkstoff	Kurzzeichen	Grundwerkstoff	Kurzzeichen
Metalle		Nichtmetalle	
Aluminium	Al	Argon	Ar
Antimon	Sb	Arsen	As
Barium	Ba	Bor	B
Beryllium	Be	Brom	Br
Blei	Pb	Chlor	Cl
Calcium	Ca	Fluor	F
Chrom	Cr	Helium	He
Eisen	Fe	Jod	J
Germanium	Ge	Kohlenstoff	C
Gold	Au	Krypton	Kr
Kalium	K	Neon	Ne
Kobalt	Co	Phosphor	P
Kupfer	Cu	Sauerstoff	O
Magnesium	Mg	Schwefel	S
Mangan	Mn	Selen	Se
Molybdän	Mo	Silicium	Si
Natrium	Na	Stickstoff	N
Nickel	Ni	Wasserstoff	H
Platin	Pt		
Plutonium	Pu		
Quecksilber	Hg		
Silber	Ag		
Tantal	Ta		
Titan	Ti		
Uran	U		
Vanadium	V		
Wismut	Bi		
Wolfram	W		
Zink	Zn		
Zinn	Sn		

Vergleichstabellen von Silberhartlot, Silberhartlotpaste, Phosphor-Hartlot, Messinglot, Flussmittel

In diesen Auflistungen der Firma Castolin sind die Normung in ISO, EN und DIN mit deren Bezeichnungen aufgeführt. Es wird das Schmelzintervall in °C und die durchschnittliche Arbeitstemperatur in °C angegeben. Hier sehen wir auch, dass z.B. für Cu-Werkstoffe und für Ni-Werkstoffe unterschiedliche Flussmittel verwendet werden. Unterteilt werden kadmiumhaltige und kadmiumfreie Silberhartlote. Wir sehen, dass sich hochsilberhaltiges Phosphor-Kupferhartlot vom normalen Phosphor-Kupferhartlot in der Arbeitstemperatur erheblich unterscheidet und wir erfahren auch die Arbeitstemperatur von Messinglot, nämlich 880°C.

Da Messing nun einen Schmelzpunkt von etwa 900°C besitzt, kann man mit Messinglot kein Messing löten, da beide Metalle, Grundwerkstoff und Lot fast die gleiche Schmelztemperatur besitzen. Hier stellen wir auch fest, dass Silberhartlot und Silberhartlotpaste die gleichen Eigenschaften aufweisen. Angaben über weitere Eigenschaften der unterschiedlichen Lote und deren Anwendungsbereiche bilden eine nicht zu unterschätzende Hilfe in Sachen „Kaufentscheidung". Des Weiteren bilden Vorbereitungshinweise ein wichtiges Kriterium zur Vorbereitung des Lötvorgangs, die in diesem Buch sehr ausführlich behandelt wurden. Letztendlich bekommen wir noch Hinweise über unterschiedliche Flussmittel mit Verarbeitungshinweisen und zu welchen Grundwerkstoffen die Flussmittel geeignet sind. Wichtig sind immer die Normung, das Schmelzintervall und welches Flussmittel benötigt wird. Wir werden noch einiges über Flussmittel erfahren, z.B. eine Tabelle mit technischen Daten und Auflistungen, welche Flussmittel sich für welche Metalle und Grundwerkstoffe besonders eignen. Außerdem sind Ratschläge zu Anwendungen, Verarbeitungshinweisen, Hinweise für die Arbeitssicherheit, die korrosive Wirkung sowie die Entfernung der Flussmittelreste und die Aufbewahrung der Flussmittel vorhanden. Lieferformen, ob blanker Stab oder flussmittelumhüllter Stab in verschiedenen Durchmessern oder Formlotdrähte, Flachlotbleche, die in die Lötfuge gelegt werden, diese Dinge werden hier im Anhang in Tabellenform aufgeführt. Eines möchte ich noch erwähnen: Diese Auflistung ist der Internetseite der Firma Castolin-Eutectic zu verdanken, sie kann und soll nur eine Hilfe zum Kauf des richtigen Lotes und Flussmittels dienen. Dennoch sind wir auf keinen Fall an diese Firma gebunden, es gilt weiterhin mein Vorschlag immer zum Schweißbedarfs-Fachhandel zu gehen, dort werden wir sehen, dass die Normen, Legierungen und Schmelztemperaturen der unterschiedlichsten Firmen gleich sind. Von welcher Firma wir unser Lotmaterial bekommen, spielt nur eine untergeordnete Rolle, entscheidend sind die Eigenschaften, die Schmelztemperatur und ganz wichtig die Beratung des Fachpersonals.

Wenn Sie diese Ratschläge berücksichtigen, ich gebe durchaus zu, dass Sie dann vielleicht den einen oder anderen Euro mehr ausgegeben haben, aber ich kann durchaus versichern: Sie haben jede Menge Lauferei und jede Menge Zeit gespart, Sie haben viel weniger Ärger im Ergebnis und Sie können auf eine erfolgreiche Arbeit stolz sein.

Hinweise zum Transport von Druckflaschen

Hier möchte ich noch einige Sicherheitshinweise zum Verladen und Transport von Druckgasflaschen aufzeigen. Diese Sicherheitshinweise sind Empfehlungen für den sicheren Transport von Gasflaschen in Straßenfahrzeugen. In diesem Buch haben wir immer vom Umfüllen und, oder Tauschen von Flaschen beim Gasehändler gesprochen. In den allermeisten Fällen beinhaltet es einen Transport in einem Straßenfahrzeug, meisten im eigenen PKW. Ob wir nun Propan, Acetylen oder Sauerstoffbehälter transportieren es besteht eigentlich kein Unterschied, es sind alles Druckgasbehälter. Die Vorschriften gelten sowohl für gefüllte als auch für entleerte Behälter. Verbindliche Vorschriften über den Transport gefährlicher Güter auf der Straße werden hierdurch nicht ersetzt, sondern nur ergänzt. Die Beachtung der gegebenen Hinweise hilft jedoch, bußgeldpflichtige Ordnungswidrigkeiten zu vermeiden. Straßenfahrzeuge, wie LKW, Werkstattwagen, Kombiwagen, normale PKW und Anhänger (auch Einachser) sind nur dann für den Transport von Gasbehältern (Gasflaschen, Kryobehältern) geeignet, wenn sie gut be- und entlüftbar sind. Außerdem müssen die Behälter gegen Fortrollen und Umfallen zuverlässig gesichert sein.

Castolin Eutectic®
Eutectic Castolin

Cadmiumhaltiges Silberlot

Castolin 810

für Eisen- und Kupferwerkstoffe

Eigenschaften

Dünnflüssiges, cadmiumhaltiges Silberlot. Gute Fließ- und Benetzungseigenschaften. Niedrige Arbeitstemperatur. Gute Kapillareigenschaften. Hochfeste Verbindungen bei guter Zähigkeit. Betriebstemperaturen von ca. -200 °C bis 150 °C.

Technische Daten

Hartlot	ISO 17672:	nicht einstufbar
	EN 1044:	nicht einstufbar
	DIN 8513:	L-Ag34Cd
Flußmittelanteil*)	EN 1045:	FH 10
	DIN 8511:	F-SH1
Schmelzintervall (Sol./Liq.) [°C]:		610 – 680
Arbeitstemperatur	[°C]:	640
Dichte	[g/cm^3]:	9,1

Anwendungen

Zum Spaltlöten, auch in Serienfertigung, z. B.: Un- und niedriglegierte Stähle (Baustähle, Einsatz-, Vergütungs- und Nitrierstähle), legierte Stähle (Werkzeugstähle), hochlegierte Stähle (nichtrostende CrNi-Stähle), Nickel, Nickellegierungen, Kupfer und Kupferlegierungen (CuSn-, CuZn- und CuAl-Legierungen) sowie Temperguß (GTW).

Typische Anwendungsbeispiele sind:
Armaturen, Metallwaren, elektrische Instrumente, Bestückung von Werkzeugen mit Hartmetallplättchen, Stahlmöbel, Apparatebau, Apparate für die Wärme- und Kältetechnik.

Verarbeitungshinweise

Lötbereiche säubern. Kanten abrunden. Lotflächen mit Flußmittel bestreichen. Lotstabspitze erwärmen und in das Flußmittel tauchen. Werkstück breit und durchgängig vorwärmen. Nicht überhitzen. Korrosiv wirkende Flußmittelreste entfernen (siehe Produktinformation Castolin Flußmittel).

Wärmequellen: Flammlöten (Acetylen; neutral), Flammlöten (Propan/Butan), Ofen (mit und ohne Schutzgas), Widerstandserwärmung.

Flußmittel

Castolin	1802	1802 N	1802 PF	Albro 90029
Stähle	+	+		
CrNi-Stähle		+	+	
Ni-Werkstoffe			+	
Cu-Werkstoffe		+	+	+
Hartmetall			+	

Für flußmittelumhüllte/flußmittelhaltige Lotstäbe wird im allgemeinen kein zusätzliches Flußmittel benötigt.

Lieferform

Castolin 810:	blanker Zusatzstab
Castolin 810 NF:	Lotstab mit dünner Flußmittelumhüllung
Castolin 810 XFC:	flexibler flußmittelumhüllter Lotstab

Artikel-Nr.	Abmessung [mm]	Gewicht [St./kg]	Verpackung [kg/Karton]
810	Ø 2,0 x 500	69	1,0
810 NF	Ø 1,5 x 500	92	1,0
810 NF	Ø 2,0 x 500	56	1,0
810 XFC	Ø 1,5 x 500	83	0,5/1,0
810 XFC	Ø 2,0 x 500	48	1,0/5,0

Weitere Lieferformen und Abmessungen auf Anfrage.

Cadmiumhaltiges Silberlot

Castolin 1030

für Eisen- und Kupferwerkstoffe

Eigenschaften

Cadmiumhaltiges Silberlot mit niedriger Arbeitstemperatur. Gute Fließ- und Benetzungseigenschaften. Gute Kapillareigenschaften. Hochfeste Verbindungen bei guter Zähigkeit. Betriebstemperaturen von ca. - 200 °C bis 150 °C.

Technische Daten

Hartlot	ISO 17672:	~ Ag 335
	EN 1044:	~ AG 305
	DIN 8513:	~ L-Ag34Cd
Flußmittelanteil*)	EN 1045:	FH 10
	DIN 8511:	F-SH1
Schmelzintervall (Sol./Liq.) [°C]:		630 – 730
Arbeitstemperatur	[°C]:	710
Dichte	[g/cm³]:	9,0

Anwendungen

Zum Spaltlöten, auch in Serienfertigung, z. B.: Un- und niedriglegierte Stähle (Baustähle, Einsatz-, Vergütungs- und Nitrierstähle), legierte Stähle (Werkzeugstähle), hochlegierte Stähle (nichtrostende CrNi-Stähle), Nickel, Nickellegierungen, Kupfer und Kupferlegierungen sowie Temperguß (GTW).

Typische Anwendungsbeispiele sind:
Armaturen, Metallwaren, Kühlschrankfabrikation, elektrische Instrumente, Bestückung von Werkzeugen mit Hartmetallplättchen, Gasbrenner für Zentralheizungen, Stahlmöbel, Apparatebau, Apparate für die Wärme- und Kältetechnik und Musikinstrumente.

Verarbeitungshinweise

Lötbereiche säubern. Kanten abrunden. Lotflächen mit Flußmittel bestreichen. Lotstabspitze erwärmen und in das Flußmittel tauchen. Werkstück breit und durchgängig vorwärmen. Nicht überhitzen. Korrosiv wirkende Flußmittelreste entfernen (siehe Produktinformation Castolin Flußmittel).

Wärmequellen: Flammlöten (Acetylen; neutral bis leicht reduzierend), Flammlöten (Propan/Butan), Ofen (mit und ohne Schutzgas), HF-Induktion, Widerstandserwärmung.

Flußmittel

Castolin	1802	1802 PF	Albro 90029
Stähle	+	+	
Ni-Werkstoffe	+	+	
Cu-Werkstoffe	+	+	+
Temperguß	+	+	
Hartmetall		+	

Für flußmittelumhüllte/flußmittelhaltige Lotstäbe wird im allgemeinen kein zusätzliches Flußmittel benötigt.

Lieferform

Castolin 1030 XFC: flexibler flußmittelumhüllter Lotstab

Artikel-Nr.	Abmessung [mm]	Gewicht [St./kg]	Verpackung [kg/Karton]
1030 XFC	Ø 1,5 x 500	87	1,0
1030 XFC	Ø 2,0 x 500	49	1,0/2,5

Weitere Lieferformen und Abmessungen auf Anfrage.

Castolin Eutectic
Eutectic Castolin

Cadmiumfreies Silberlot

Castolin 1020

für Eisen-, Kupfer- und Nickelwerkstoffe

Eigenschaften

Cadmiumfreies Silberlot mit niedriger Arbeitstemperatur. Ausgezeichnete Benetzungs- und Kapillareigenschaften. Hohe Korrosionsbeständigkeit. Für zähe Verbindungen mit hoher Festigkeit. Farbähnlich mit nichtrostenden Stählen. Betriebstemperaturen von ca. - 200 °C bis 200 °C.

Technische Daten

Hartlot	ISO 17672:	~Ag 156
	EN 1044:	~AG 102
	DIN 8513:	~L-Ag55Sn
Flußmittelanteil*)	EN 1045:	FH 10
	DIN 8511:	F-SH1
Schmelzintervall (Sol./Liq.)[°C]:		620 – 660
Arbeitstemperatur	[°C]:	650
Dichte	[g/cm^3]:	9,4

*) wenn flußmittelumhüllt/flußmittelhaltig

Anwendungen

Zum Spaltlöten, auch in Serienfertigung, z. B.: Un- und niedriglegierte Stähle (Baustähle, Einsatz-, Vergütungs- und Nitrierstähle), hochlegierte Stähle (nichtrostende CrNi-Stähle), Nickel, Nickellegierungen, Kupfer und Kupferlegierungen sowie Temperguß (GTW) und Hartmetalle.

Typische Anwendungsbeispiele sind:
Behälter, Apparate, Armaturen, Rohrleitungen sowie Einrichtungen und Maschinen der Nahrungsmittelindustrie wie Molkereien und Brauereien; chirurgische und optische Instrumente der Medizintechnik; Apparate für die Wärme- und Kältetechnik.

Verarbeitungshinweise

Lötbereiche säubern. Kanten abrunden. Lotflächen mit Flußmittel bestreichen. Lotstabspitze erwärmen und in das Flußmittel tauchen. Werkstück breit und durchgängig vorwärmen. Nicht überhitzen. Korrosiv wirkende Flußmittelreste entfernen (siehe Produktinformation Castolin Flußmittel)

Wärmequellen: Flammlöten (Acetylen; neutral bis reduzierend)

Flußmittel

Castolin	1000	1802 PF	Albro 90029
Stähle		+	
CrNi-Stähle	+	+	
Ni-Werkstoffe	+	+	
Cu-Werkstoffe			+
Temperguß		+	
Hartmetall		+	

Für flußmittelumhüllte/flußmittelhaltige Lotstäbe wird im allgemeinen kein zusätzliches Flußmittel benötigt.

Lieferform

Castolin 1020 F:	flußmittelumhüllter Lotstab
Castolin 1020 XFC:	flexibler flußmittelumhüllter Lotstab

Artikel-Nr.	Abmessung [mm]	Gewicht [St./kg]	Verpackung [kg/Karton]
1020 F	Ø 1,5 x 500	88	0,5/1,0/2,5
1020 F	Ø 2,0 x 500	49	0,5/1,0/2,5
1020 XFC	Ø 1,5 x 500	91	0,5/1,0/2,5
1020 XFC	Ø 2,0 x 500	48	1,0/2,5
1020 XFC	Ø 3,0 x 500	22	1,0

Weitere Lieferformen und Abmessungen auf Anfrage.

Cadmiumfreies Silberlot

Castolin Xuper Cadfree 1666

für Eisen-, Kupfer- und Nickelwerkstoffe

Eigenschaften

Cadmiumfreies Silberlot mit niedriger Schmelztemperatur. Beständig gegen Meerwasser. Dünnflüssig. Gute Kapillareigenschaften. Zähe Verbindungen mit hoher Festigkeit. Betriebstemperaturen von ca. - 200 °C bis 200 °C.

Technische Daten

Hartlot	ISO 17672:	~Ag 145
	EN 1044:	~AG 104
	DIN 8513:	~ L-Ag45Sn
Flußmittelanteil*)	EN 1045:	FH 10
	DIN 8513:	F-SH1
Schmelzintervall (Sol./Liq.)[°C]:		640 – 680
Arbeitstemperatur	[°C]:	670
Dichte	[g/cm^3]:	9,2

*) wenn flußmittelumhüllt/flußmittelhaltig

Anwendungen

Zum Spaltlöten, auch in Serienfertigung, z. B.: Un- und niedriglegierte Stähle (Baustähle, Einsatz-, Vergütungs- und Nitrierstähle), hochlegierte Stähle (nichtrostende CrNi-Stähle), Nickel, Nikkellegierungen, Kupfer und Kupferlegierungen sowie Temperguß (GTW).

Typische Anwendungsbeispiele sind: Einrichtungen und Maschinen der Nahrungs- und Getränkeindustrie wie Bronze- und Messingarmaturen, Rohrleitungen, Stutzen, Verkleidungen und Instrumente; Haushaltsgeräte wie Spülmaschinen; Apparate für die Wärme- und Kältetechnik. Auflöten von Schnellarbeitsplättchen im Werkzeugbau.

Zum Hartlöten von Gas-Installation aus Kupferrohren gemäß **DVGW-Arbeitsblatt GW 2**.

Verarbeitungshinweise

Lötbereiche säubern. Kanten abrunden. Lotflächen mit Flußmittel bestreichen. Lotstabspitze erwärmen und in das Flußmittel tauchen. Werkstück breit und durchgängig vorwärmen. Nicht überhitzen. Korrosiv wirkende Flußmittelreste entfernen (siehe Produktinformation Castolin Flußmittel).

Wärmequellen: Flammlöten (Acetylen), HF-Induktion, Ofen (mit und ohne Schutzgas), Widerstandserwärmung.

Flußmittel

Castolin	1000	1802	1802 HF	1802 N	1802 PF
Stähle		+	+	+	+
CrNi-Stähle	+	+	+	+	+
Ni-Werkstoffe	+				+
Cu-Werkstoffe		+	+	+	+
Temperguß		+	+	+	+
Induktionslöten			+		
kurze Erwärmung	+			+	
lange Erwärmung		+			+

Für flußmittelumhüllte/flußmittelhaltige Lotstäbe wird im allgemeinen kein zusätzliches Flußmittel benötigt.

Lieferform

Castolin 1666:	blanker Zusatzstab
Castolin 1666 Si:	erhöhter Si-Gehalt
Castolin 1666 XFC:	flexibler flußmittelumhüllter Lotstab

Artikel-Nr.	Abmessung [mm]	Gewicht [St./kg]	Verpackung [kg/Karton]
1666	Ø 1,0 x 500	282	1,0/2,5
1666	Ø 1,5 x 500	125	1,0
1666	Ø 2,0 x 500	72	1,0/5,0
1666 Si	Ø 1,5 x 500	125	5,0
1666 Si	Ø 2,0 x 500	72	5,0
1666 XFC	Ø 1,5 x 500	88	0,5/1,0/2,5
1666 XFC	Ø 2,0 x 500	49	0,5/1,0/2,5

Weitere Lieferformen und Abmessungen auf Anfrage.

Castolin Eutectic
Eutectic Castolin

Cadmiumfreie Silberlotpaste

CastoSil S (90018 S)

für Eisen-, Kupfer- und Nickelwerkstoffen

Eigenschaften

Cadmiumfreie, gebrauchsfertige Silberlotpaste mit niedriger Arbeitstemperatur. Ausgezeichnete Benetzungs- und Kapillareigenschaften. Hohe Korrosionsbeständigkeit. Für zähe Verbindungen mit hoher Festigkeit. Farbähnlich mit nichtrostenden Stählen.

Technische Daten

Hartlot	ISO 17672:	Ag 156
	EN 1044:	AG 102
	DIN 8513:	~ L-Ag55Sn
Flußmittelanteil	EN1045:	FH 10
	DIN 8511:	F-SH1
Schmelzintervall (Sol./Liq.)	[°C]:	620 – 660
Arbeitstemperatur	[°C]:	650
Dichte	[g/cm³]:	9,4

Anwendungen

Zum Spaltlöten, auch in Serienfertigung, z. B.: Un- und niedriglegierte Stähle (Baustähle, Einsatz-, Vergütungs- und Nitrierstähle), hochlegierte Stähle (nichtrostende CrNi-Stähle), Nickel, Nikkellegierungen, Kupfer und Kupferlegierungen.

Typische Anwendungsbeispiele sind:
Behälter, Apparaturen, Einrichtungen und Maschinen der Nahrungsmittelindustrie; Silberkontakte, chirurgische und optische Instrumente, Bronze- und Messingarmaturen, Rohrleitungen, Stutzen, Verkleidungen aus nichtrostenden Stählen, Apparate für die Wärme- und Kältetechnik. Hartmetallwerkzeuge und Modeschmuck.

Verarbeitungshinweise

Lötbereiche säubern. Kanten abrunden. Vor Gebrauch gut mischen. Bei Bedarf Lotpaste mit sauberem, kalkfreien Wasser im gesonderten Glasgefäß anfeuchten. Lotflächen mit Lotpaste bestreichen. Werkstück breit und durchgängig vorwärmen. Nicht überhitzen. Korrosiv wirkende Flußmittelreste entfernen (siehe Produktinformation Castolin Flußmittel).

Wärmequellen: Flammlöten (Acetylen), Flammlöten (Propan/Butan), Ofen (mit und ohne Schutzgas), HF-Induktion, Widerstandserwärmung.

Flußmittel

Im allgemeinen nicht erforderlich.

Lieferform

CastoSil S: Lotpaste

Artikel-Nr.	Verpackung [kg/Karton]
90018 S 0017	0,175

Weitere Lieferformen und Abmessungen auf Anfrage.

Castolin Eutectic
Eutectic Castolin

Dosierfähige Hartlotpaste

Castolin 181 PA

für Eisen- und Kupferwerkstoffe

Eigenschaften

Gebrauchsfertige, dosierfähige Bindemittel-Suspension aus hochsilberhaltigem, cadmiumfreien, feinkörnigen Hartlotpulver mit Flußmittelanteilen in einem optimalen Mischungsverhältnis. Überhitzungsunempfindliche Lötlegierung. Die Paste ist für manuelle und mechanisierte Verarbeitung bestimmt. Aufgrund der genau definierten Viskosität sowie homogenen Konsistenz eignet sie sich ganz besonders für Serienproduktion mit automatisierten Dosiereinrichtungen. Dichte, feine und saubere Nähte. Paste und Flußmittelrückstände sind wasserlöslich.

Technische Daten

Hartlot	ISO 17672:	nicht einstufbar
	EN 1044:	AG 206
	DIN 8513:	L-Ag20
Flußmittelanteil	EN 1045:	FH 10
	DIN 8511:	F-SH1
Schmelzintervall (Sol./Liq.)[°C]:		690 – 810
Arbeitstemperatur	[°C]:	810
Dichte (Paste)	[g/cm³]:	ca. 2,7
Dichte (Lotanteil)	[g/cm³]:	ca. 8,7
Korngröße (Lotanteil)	[µm]:	< 70

Anwendungen

Für Verbindungen von Eisen- und Kupferwerkstoffen sowie Hartmetallen.

Typische Anwendungsbeispiele sind:
Bronze- und Messingarmaturen, Bandsägeblätter, Hartmetallwerkzeuge, Einlöten von Diamanten, Meßinstrumente, elektrische Kontakte, Kabelverbindungen,Stromabnehmer, Erdungsschienen, Anschlüsse von Widerstandselementen, Metallwaren.

Verarbeitungshinweise

Verbindungszone blank machen, Kanten ggf. entgraten und abrunden/fasen. Die gut durchgemischte Lotpaste ist von Hand bzw. mit einer Dosiereinrichtung auf die Lötstelle aufzubringen. Kleinere Werkstücke entsprechend fixieren, um die empfohlene Lötspaltbreite von 0,05 bis ca. 0,1 mm während des Lötens zu gewährleisten. Korrosiv wirkende Flußmittelreste entfernen.

Löten mit dem Autogenbrenner

Flamme neutral oder mit leichtem Acetylenüberschuß einstellen. Bindemittel abbrennen bzw. ausdampfen lassen. Lötstelle indirekt mit Flamme erwärmen, bis das Lot ausfließt. Nicht überhitzen.

Löten im Ofen

Das inerte Bindemittel bei einer Temperatur von ca. 150 °C aus der Lotpaste ausdampfen lassen (mittels Warmluft, Infrarotlampe, Ofen). Beim anschließenden Löten - vor allem bei massiven Werkstücken - ist der Einsatz eines Schutzgas- oder Durchlaufofens von Vorteil. Die Arbeitstemperatur im Ofen sollte mindestens 860 °C betragen.

Andere Verfahren wie z. B. Induktions- oder Widerstandslöten können ebenfalls eingesetzt werden.

Lieferform

Castolin 181 PA: Hartlotpaste

Artikel- Nr.	Verpackung [kg/Dose]
181 PA 0008	0,08 (Spritze)
181 PA 0025	0,25

Weitere Lieferformen und Abmessungen auf Anfrage.

Castolin Eutectic®
Eutectic Castolin

Messinglot

Castolin 18

für Stähle und verzinkte Stähle

Eigenschaften

Hartlot auf CuZn-Basis mit Silberzusatz. Silber verringert die Oberflächenspannung des schmelzflüssigen Lotes und verbessert die Zähigkeit der Lötverbindungen. Ausgezeichnete Fließ- und Benetzungseigenschaften. Gut modellierbar. Hohe Festigkeit und Dehnung. Glatte, dichte und porenfreie Nähte.

Technische Daten

Hartlot	ISO 17672:	~ Cu 681
	EN 1044:	~ CU 306
	DIN 8513:	~ L-CuZn39Sn
Flußmittelanteil*)	EN 1045:	FH 21
	DIN 8511:	F-SH2
Schmelzintervall (Sol./Liq.)	[°C]:	870 – 895
Arbeitstemperatur	[°C]:	ca. 880
Dichte	[g/cm³]:	8,3

*) wenn flußmittelumhüllt/flußmittelhaltig

Anwendungen

Zum Fugenlöten, z. B.:
Un- und niedriglegierte Stähle (Baustähle, Einsatz-, Vergütungs- und Nitrierstähle), verzinkte Stähle (feuerverzinkte Rohre und Fittings), Kupfer und Kupferlegierungen (T_S > 950 °C), Nickel, Nickellegierungen, Temperguß (GTW), Gußeisen (GGG) sowie zum Spalt- und Auftraglöten der genannten Werkstoffe.

Typische Anwendungsbeispiele sind:
Konstruktionen von Stahlrohren und Stahlprofilen, Trinkwasser-Installationen aus verzinktem Stahl (gemäß TRWI; DIN 1988, Teil 2 und 7), Rohrleitungssysteme, Teile von Lüftungs- und Heizungsanlagen, Sprinkleranlagen, Abdichten von Heizradiatoren und Preßluftleitungen; Fügen von Armaturen und sanitären Anlageteilen aus Messing und Bronze, Fittings aus Eisen- und Kupferwerkstoffen, Auftragungen an Ventil- und Schiebersitzen, Fabrikation von Behältern und Einrichtungen der Hauswasserversorgung.

Verarbeitungshinweise

Lötbereiche säubern. Kanten abrunden. Lötflächen mit Flußmittel bestreichen. Lotstabspitze erwärmen und in das Flußmittel tauchen. Werkstück breit und durchgängig vorwärmen. Nicht überhitzen. Flußmittelrückstände entfernen (siehe auch Produktinformation Castolin Flußmittel).

Wärmequellen: Flammlöten (Acetylen: neutral bei Kupfer und Stahl; oxidierend bei verzinktem Stahl, Messing und Bronze).

Sonderdruck „Fugenlöten von verzinkten Stahl- und Gußwerkstoffen mit Castolin 18 F/18 MF und Flußmittel Castolin 18“ (Artikel-Nr. 39567) ist zu beachten!

Flußmittel

Castolin	18	Albro 90029	Atmos 90030
Stähle	+		+
Verzinkte Stähle	+		
Cu-Werkstoffe	+	+	+
Ni-Werkstoffe	+	+	+

Für flußmittelumhüllte/flußmittelhaltige Lotstäbe wird im allgemeinen kein zusätzliches Flußmittel benötigt.

Lieferform

Castolin 18:	blanker Zusatzstab
Castolin 18 F:	flußmittelumhüllter Lotstab
Castolin 18 MF:	gekerbter flußmittelhaltiger Lotstab

Artikel-Nr.	Abmessung [mm]	Gewicht [St./kg]	Verpackung [kg/Karton]
18	Ø 2,0 x 500	77	2,5
18	Ø 3,0 x 500	34	5,0
18 F	Ø 2,0 x 500	69	5,0
18 F	Ø 3,0 x 500	32	5,0
18 F	Ø 4,0 x 500	18	5,0
18 MF	Ø 2,0 x 1000	38	5,0
18 MF	Ø 3,0 x 1000	17	5,0

Weitere Lieferformen und Abmessungen auf Anfrage.

Zulassungen

VDS

Kupfer-Phosphor-Lot

Castolin RB 5246

für Kupferwerkstoffe

Eigenschaften

Dünnflüssiges Hartlot auf Kupfer-Phosphor-Basis mit hohem Reinheitsgrad und engem Schmelzintervall. Sehr ruhiges Schmelzverhalten, exzellenter Überblick des flüssigen Lotes. Ausgezeichnete Kapillareigenschaften und gute Benetzung. Glatte, dichte und porenfreie Nähte. Das Lot wirkt desoxidierend auf Kupfer, daher ist kein Flußmittel erforderlich. Zulässige Betriebstemperaturen bis 150 °C.

Technische Daten

Hartlot	ISO 17672:	CuP 180
	EN 1044:	CP 202
	DIN 8513:	L-CuP7
	ANSI / AWS:	BCuP-2
Schmelzintervall (Sol./Liq.)	[°C]:	715 – 805
Arbeitstemperatur	[°C]:	~ 730
Dehnung	[%]:	4,0
Dichte	[g/cm³]:	8,0

Anwendungen

Zum Spaltlöten von z. B.:
Kupfer (SF-Cu), Rotguß (CuZnSnPb-Legierungen), Bronze (CuSn-Legierungen) und Messing (CuZn-Legierungen).

Typische Anwendungsbeispiele sind: Rohrverbindungen, Rohrschlangen, Kupferverbindungen von Kühlanlagen, sanitäre Anlagen, Apparate für Klimaanlagen, Heizungsinstallationen.

Nicht zu verwenden bei schwefelhaltigen Medien sowie an Eisen- oder Nickellegierungen.

Verarbeitungshinweise

Lötbereiche säubern. Kanten abrunden. Lötflächen mit Flußmittel bestreichen. Lotstabspitze erwärmen und in das Flußmittel tauchen. Werkstück breit und durchgängig vorwärmen. Nicht überhitzen. Korrosiv wirkende Flußmittelreste entfernen (siehe Produktinformation Castolin Flußmittel).

Wärmequellen: Flammlöten (Acetylen; neutral), Ofen, Induktions- und Widerstandserwärmung, WIG.

Flußmittel

Castolin	ohne	1802 HF	1802 PF	181 PF
Kupfer	+			
Rotguß		+	+	+
Bronze		+	+	+
Messing		+	+	+
Kurze Erwärmung		+	+	
Lange Erwärmung				+

Lieferform

Castolin RB 5246: blanke Lotstäbe, rund

Artikel-Nr.	Abmessung [mm]	Gewicht [St./kg]	Verpackung [kg/Drypak]
RB 5246	Ø 1,5 x 500	130	5,0
RB 5246	Ø 2,0 x 500	74	5,0

Weitere Lieferformen und Abmessungen auf Anfrage.

Castolin Eutectic® Eutectic Castolin

Hochsilberhaltiges Kupfer-Phosphor-Hartlot

Castolin 1818 XFC

für Kupfer und Kupferlegierungen

Eigenschaften

Sehr dünnflüssige, kupfer-, phosphor- und silberhaltige Legierung mit niedriger Arbeitstemperatur sowie hoher Festigkeit und Dehnung. Hohe Duktilität auch bei tiefen Temperaturen bis max. - 70 °C. Ausgezeichnete Benetzungseigenschaften. Hohe Arbeitsgeschwindigkeit. Rissfest; glatte, dichte und porenfreie Nähte. Für Lötstellen mit Betriebstemperaturen bis max. 150 °C.

Technische Daten

Hartlot	ISO 17672:	CuP 286
	EN 1044:	CP 101
	DIN 8513 *):	~ L-Ag18P
Flussmittelanteil	EN 1045:	FH10
	DIN 8511:	F-SH1
Schmelzintervall (Sol./Liq.)	[°C]:	645 - 670
Arbeitstemperatur	[°C]:	ca. 660
Zugfestigkeit	[MPa]:	250 (Cu)
Dichte	[g/cm³]:	8,6

*) in der Anlehnung an DIN 8513

Anwendungen

Castolin 1818 XFC eignet sich besonders für Verbindungen von Kupferlegierungen, wie Messing, Rotguss, Bronzen untereinander oder mit reinem Kupfer.

Zum Spaltlöten, z.B. an folgenden Werkstücken: Rotoren von Elektromotoren, Rohrverbindungen, Rohrschlangen, Kupferverbindungen von Kühlanlagen, Verbindungen in der Kältetechnik, Fertighausbau, Apparate für Klimaanlagen, Stromschienen, Kurzschlussleiter usw.

Nicht verwenden bei schwefelhaltigen Medien, sowie an Eisen- oder Nickellegierungen.

Verarbeitungshinweise

Lötflächen blank machen, Kanten abrunden. Werkstück breit und durchgängig vorwärmen. Nicht überhitzen. Korrosiv wirkende Flussmittelreste entfernen (siehe auch Produktinformation Castolin Flussmittel).

Wärmequellen: Flammlöten (Acetylenbrenner oder Luft-Brenngas-Brenner).

Während des Lötens sind Werkstatt und Arbeitsplätze hinreichend zu lüften.

Flussmittel

Für flussmittelumhüllte Lotstäbe wird im allgemeinen kein zusätzliches Flussmittel benötigt.

Lieferform

Castolin 1818 XFC: flexibel flussmittelumhüllter Lotstab

Artikel-Nr.	Abmessung [mm]	Verpackung [kg/Karton]
1818 XFC	Ø 1,5 x 500	1,0
1818 XFC	Ø 2,0 x 500	1,0

Weitere Lieferformen und Abmessungen auf Anfrage.

Castolin Eutectic
Eutectic Castolin

Silberhaltiges Kupfer-Phosphor-Hartlot

Castolin 806

für Kupfer und Kupferlegierungen

Eigenschaften

Dünnflüssige, kupfer-, phosphor- und silberhaltige Legierung mit niedriger Arbeitstemperatur sowie hoher Festigkeit. Hohe Arbeitsgeschwindigkeit. Rißfest; glatte, dichte und porenfreie Nähte. Für Lötstellen mit Betriebstemperaturen bis 150 °C.

Technische Daten

Hartlot	ISO 17672:	~ CuP 281
	EN 1044:	~ CP 104
	DIN 8513:	~ L-Ag5P
	ANSI / AWS:	BCuP-3
Sol./Liq.	(°C):	645 – 780
Arbeitstemperatur	(°C):	~ 710
Zugfestigkeit	(N/mm^2):	250 (an Cu)
Dichte	(g/cm^3):	8,2

Anwendungen

Castolin 806 eignet sich für Verbindungen von Kupfer, Bronze, Messing und Rotguß.

Spalt- und Fugenlöten, z.B. an folgenden Werkstücken: Rotoren von Elektromotoren, Rohrverbindungen, Rohrschlangen, Kupferverbindungen von Kühlanlagen, Fertighausbau, Apparate für Klimaanlagen, Stromschienen, Kurzschlußleiter usw.

Nicht verwenden bei schwefelhaltigen Medien, sowie an Eisen- oder Nickellegierungen.

Verarbeitungshinweise

Lötflächen blank machen, Kanten abrunden. Als Wärmequellen können Acetylenbrenner, Luft-Brenngas-Brenner, Ofen, Induktions- und Widerstandserwärmung sowie WIG eingesetzt werden.

Während des Lötens sind Werkstatt und Arbeitsplätze hinreichend zu lüften.

Flußmittel

Castolin	ohne	1802 HF	1802 PF	Albro 90029
Kupfer	+			
Bronze		+	+	
Messing		+	+	
Neusilber		+	+	
Al-Bronze				+

Lieferform

Castolin 806: blanke Lotstäbe, rund

Artikel-Nr.	Abmessung [mm]	Gewicht [St./kg]	Verpackung [kg/Drypak]
806	Ø 2,0 x 500	72	2,5

Weitere Abmessungen und Lieferformen auf Anfrage.

Cadmiumhaltiges Silberlot

Castolin 1802

für Eisen-, Kupfer-, Nickelwerkstoffe und Hartmetalle

Eigenschaften

Cadmiumhaltiges Silberlot mit niedriger Arbeitstemperatur. Sehr enges Schmelzintervall. Ausgezeichnete Fließeigenschaften. Sehr gute Benetzung. Zähe Verbindungen mit hoher Festigkeit. Betriebstemperaturen von ca. - 200 °C bis 150 °C.

Technische Daten

Hartlot	ISO 17672:	~ Ag 340
	EN 1044:	~ AG 304
	DIN 8513:	~ L-Ag40Cd
Flußmittelanteil	EN 1045:	FH 10
	DIN 8511:	F-SH1
Schmelzintervall (Sol./Liq.)[°C]:		595 – 630
Arbeitstemperatur	[°C]:	610
Dichte	[g/cm³]:	9,3

Anwendungen

Zum Spaltlöten, auch in Serienfertigung, z. B.: Un- und niedriglegierte Stähle (Baustähle, Einsatz-, Vergütungs- und Nitrierstähle), legierte Stähle (Werkzeugstähle), hochlegierte Stähle (nichtrostende CrNi-Stähle), Nickel, Nickellegierungen, Kupfer, Kupferlegierungen sowie Temperguß (GTW).

Typische Anwendungsbeispiele sind:
Apparate aus nichtrostendem Stahl und Messing, Absperr- und Regelarmaturen sowie Manometer der Armaturenfabrikation, Klimaanlagen, Wärmetauscher, Kompressoren und Rohrleitungen der Kältetechnik, Silber- und Sinterkontakte auf Kupferwerkstoffen, Klemmverbindungen an Kabeln, Rotoren und eingekapselte Heizwiderstände der Elektroindustrie, Sägeblätter und Hartmetallwerkzeuge im Maschinenbau, Messerfabrikation, feinmechanische Komponenten in der Uhrenindustrie, Feuerzeuge, Leuchter, Gegenstände des Kunstgewerbes.

Verarbeitungshinweise

Lötbereiche säubern. Kanten abrunden. Lotflächen mit Flußmittel bestreichen. Lotstabspitze erwärmen und in das Flußmittel tauchen. Werkstück breit und durchgängig vorwärmen. Nicht überhitzen. Korrosiv wirkende Flußmittelreste entfernen (siehe Produktinformation Castolin Flußmittel).

Wärmequellen: Flammlöten (Acetylen; neutral), Flammlöten (Propan/Butan), Ofen (mit und ohne Schutzgas), HF-Induktion, Widerstandserwärmung.

Flußmittel

Castolin	1802	1802 HF	1802 N	1802 PF	Albro 90029
Stähle	+	+	+	+	
CrNi-Stähle	+	+	+	+	
Ni-Werkstoffe				+	+
Cu-Werkstoffe	+	+	+	+	+
Temperguß	+	+	+	+	+
Induktionslöten		+			

Für flußmittelumhüllte/flußmittelhaltige Lotstäbe wird im allgemeinen kein zusätzliches Flußmittel benötigt.

Lieferform

Castolin 1802 F: flußmittelumhüllter Lotstab

Castolin 1802 XFC: flexibler flußmittelumhüllter Lotstab

Artikel-Nr.	Abmessung [mm]	Gewicht [St./kg]	Verpackung [kg/Karton]
1802 F	Ø 1,5 x 500	88	0,5/1,0/2,5
1802 F	Ø 2,0 x 500	49	0,5/1,0/2,5
1802 XFC	Ø 1,5 x 500	88	0,5/1,0/2,5
1802 XFC	Ø 2,0 x 500	49	2,5
1802 XFC	Ø 3,0 x 500	21	1,0

Weitere Lieferformen und Abmessungen auf Anfrage.

Castolin Eutectic®
Eutectic Castolin

Dosierfähige Hartlotpaste

Castolin 1802 PA

für Eisen-, Kupfer- und Nickelwerkstoffe

Eigenschaften

Gebrauchsfertige, dosierfähige Bindemittel-Suspension aus hochsilberhaltigem, feinkörnigen Hartlotpulver mit Flußmittelanteilen in einem optimalen Mischungsverhältnis. Die Paste ist für manuelle und mechanisierte Verarbeitung bestimmt. Aufgrund der genau definierten Viskosität sowie homogenen Konsistenz eignet sie sich ganz besonders für Serienproduktion mit automatisierten Dosiereinrichtungen. Sehr dünnflüssiges Lot mit niedriger Arbeitstemperatur. Wenig Verzug und geringe Oxidation der zu lötenden Teile. Dichte, feine und saubere Nähte. Paste und Flußmittelrückstände sind wasserlöslich.

Technische Daten

Hartlot	ISO 17672:	Ag 340
	EN 1044:	AG 304
	DIN 8513:	L-Ag40Cd
Flußmittelanteil	EN 1045:	FH 10
	DIN 8511:	F-SH1
Schmelzintervall (Sol./Liq.)[°C]:		595 – 630
Arbeitstemperatur	[°C]:	610
Dichte (Paste)	[g/cm^3]:	ca. 2,5
Dichte (Lotanteil)	[g/cm^3]:	ca. 9,3
Korngröße (Lotanteil)	[µm]:	< 70

Anwendungen

Für Verbindungen von Eisen- und Kupferwerkstoffen sowie nichtrostenden Stählen, Hartmetallen, Nickel und Nickellegierungen.

Typische Anwendungsbeispiele sind:
Apparatebau, Klimaeinrichtungen, Werkzeugherstellung, Feinmechanik, Elektrotechnik, Meßinstrumente, Manometer, elektrische Kontakte, Rotoren von Elektromotoren, Leitungen, Heizwiderstände, Musikinstrumente, Kunstgegenstände, usw.

Verarbeitungshinweise

Verbindungszone blank machen, Kanten ggf. entgraten und abrunden/fasen. Die gut durchgemischte Lotpaste ist von Hand bzw. mit einer Dosiereinrichtung auf die Lötstelle aufzubringen. Kleinere Werkstücke entsprechend fixieren, um die empfohlene Lötspaltbreite von 0,05 bis ca. 0,1 mm während des Lötens zu gewährleisten. Korrosiv wirkende Flußmittelreste entfernen.

Löten mit dem Autogenbrenner

Flamme neutral oder mit leichtem Acetylenüberschuß einstellen. Bindemittel abbrennen bzw. ausdampfen lassen. Lötstelle indirekt mit Flamme erwärmen, bis das Lot ausfließt. Nicht überhitzen.

Löten im Ofen

Das inerte Bindemittel bei einer Temperatur von ca. 150 °C aus der Lotpaste ausdampfen lassen (mittels Warmluft, Infrarotlampe, Ofen). Beim anschließenden Löten - vor allem bei massiven Werkstücken - ist der Einsatz eines Schutzgas- oder Durchlaufofens von Vorteil. Die Arbeitstemperatur im Ofen sollte mindestens 660 °C betragen.

Andere Verfahren wie z. B. Induktions- oder Widerstandslöten können ebenfalls eingesetzt werden.

Lieferform

Castolin 1802 PA: Hartlotpaste

Artikel- Nr.	Verpackung [kg/Dose]
1802 PA 0025	0,25

Weitere Lieferformen und Abmessungen auf Anfrage.

Vor Antritt der Fahrt

Bevor die Gasflaschen in das Fahrzeug geladen werden, sind die Druckminderer und sonstige Armaturen von den Flaschenventilen abzuschrauben. Insbesondere bei Flaschen für brennbare oder giftige Gase ist die Dichtigkeit der Ventile zu überprüfen, z.B. durch Lecksuchspray. Bei Flaschen für giftige und brennbare Gase sind außerdem die Verschlussmuttern auf die Ventilanschlussstutzen dicht aufzuschrauben. Dies gilt nicht für Acetylenflaschen, sie haben kein Gewinde. Alle Flaschenventile sind durch Aufschrauben von Schutzkappen vor Beschädigung zu schützen, mit Ausnahme derjenigen Flaschen, bei denen der Schutz der Ventile durch einen ständig angebrachten Flaschenkragen erfolgt. Kleine Gasflaschen, bei denen kein ständiger Ventilschutz angebracht ist und bei denen keine Flaschenkappe aufgeschraubt werden kann, sind zum Schutz der Flaschenventile in entsprechenden Flaschenkoffern oder -kästen zu befördern.

Ein Transport erfolgt ausschließlich mit aufgeschraubter Schutzkappe!

Ladungssicherung

Um zu verhindern, dass beim Bremsen, Kurvenfahrten oder auch bei Unfällen die Behälter selbst beschädigt werden oder anderes Ladegut beschädigen, sind sie durch geeignete Mittel zu sichern. Bewährt als Einrichtungen zur Ladungssicherung, haben sich spannbare Gurte, die an genügend stabilen Fahrzeugteilen befestigt werden müssen. In der Nähe der Stirnwand des Fahrzeuges sind die Gasflaschen in jedem Fall quer zur Fahrtrichtung (stehend oder liegend) zu laden.

Lüftung

Die Ladefläche muss ausreichend belüftet sein. Dies ist bei einer offenen Ladepritsche kein Problem. Ist die Ladepritsche mit einer Plane abgedeckt, dann sollte es möglich sein, vorn und hinten für eine Diagonallüftung zu sorgen, indem die Plane etwas geöffnet wird, und zwar vorzugsweise oben und unten. Schwieriger ist die Belüftung eines Kastenwagens, eines Kombis oder des Kofferraumes eines PKW einzurichten. Aber auch das ist lösbar. Für die Zu- und Abluftöffnung sind in der Regel 100 cm^2 ausreichend. Wenn dabei beide Öffnungen diagonal angebracht sind, dann kann von ausreichender Lüftung gesprochen werden. Vorteilhaft sind fest eingebaute Kiemen- oder Rosettenöffnungen. Die dürfen allerdings auch nicht zugestellt oder sogar zugeklebt sein. Für einen kurzen Transport vom Gasehändler direkt nach Hause ist in Ausnahmefällen ein geöffnetes Fenster und ein geöffneter Kofferraumdeckel statthaft. Der Kofferraumdeckel muss gegen ein ungewolltes Zuschlagen gesichert sein. Fenster und Kofferraum dürfen auch während einer Pause, also einer Rast auf dem Parkplatz nicht geschlossen werden.

Rauchverbot

Das Rauchen ist im Fahrzeug strengstens verboten, dieses Verbot gilt auch während der Rast in mittelbarer Nähe des Fahrzeuges, solange sich Gasbehälter darin befinden, egal welche und wie viele.

Nach der Fahrt

Beim Be- und Entladen stellen Sie bitte den Motor ab, das schont den Motor und erspart Ihnen ein Bußgeld. Ziehen Sie beim Parken und auch während des Haltens immer die Handbremse an. Aus PKW-Kofferräumen und Kombiwagen sind die Gasbehälter sofort nach der Fahrt zu entladen, da im Stand keine ausreichende Belüftung gewährleistet werden kann. Zur Gasentnahme sind die Gasflaschen in jedem Fall aus dem Fahrzeug zu entfernen und erst dann mit den Druckminderern zu versehen. Lediglich in besonders dafür eingerichteten Werkstattwagen dürfen die Gasflaschen im Fahrzeug bleiben.

Hinweise zum Umfüllen von Propan

Das Umfüllen von Propan ist nur für die Handwerkerflasche mit 425 Gramm Inhalt gestattet. Im mobilen System von Greggersen sind diese Flaschen beim Ergomax-Eco im Tragegestell und beim Ergomax-Plus im Blechkoffer vorhanden. Nur solche Kleingebinde dürfen umgefüllt werden, während das Auffüllen von größeren Propanflaschen (z.B. 5 kg) nicht eigenhändig durchgeführt werden darf. Diese Flaschen werden im Gasflaschenhandel umgetauscht.

Das Auffüllen der 425-Gramm-Flaschen ist durch die Verwendung der beiliegenden Umfüllstutzen völlig unproblematisch. Hierzu sind aber unbedingt folgende Hinweise zu beachten und einzuhalten:

- Füllanlage und Stutzen müssen in technisch einwandfreiem und funktionsfähigem Zustand sein.
- Die Umfüllung darf nur durch unterwiesenes und qualifiziertes Personal erfolgen.
- Der Ort der Umfüllung muss hinsichtlich Lüftung, Brand- und Explosionsschutz geeignet sein.
- Die Flaschenventile müssen in einwandfreiem Zustand sein.

Die Spenderflasche muss in einem geeigneten Gestell oder einer Vorrichtung gesichert werden. Die Flasche muss fest mit dem Gestell verbunden sein und darf auf keinen Fall herausfallen. Das Gestell ist so zu konstruieren, dass weder die Flasche noch das Gestell umfallen können. Das muss hauptsächlich während des Füllvorganges gesichert sein, um gefahrlos hantieren zu können. Die Spenderflasche wird auf dem Kopf hängend montiert. Die Handwerkerflasche wird nun mit dem Füllstutzen an die Spenderflasche geschraubt, auf guten und festen Sitz der Überwurfmuttern achten. Die Muttern immer erst mit der Hand auf das Gewinde drehen, bis zum Anschlag danach leicht anziehen und immer darauf achten, dass das Gewinde nicht schräg angesetzt wird. Füllvorgang entsprechend der Anleitung auf der Flasche durchführen. Nach dem Befüllen sind beide Flaschen auf Dichtigkeit zu überprüfen. Flasche an das Gebrauchsgerät wieder anschließen. Nach den Bedingungen der Bauartzulassung darf die Flasche für Propan/Butan ohne Wägung während des Füllens und ohne anschließende Kontrollwägung volumetrisch gefüllt werden, wenn alle nun folgende Maßnahmen eingehalten werden:

1. Die Flasche muss mit dem Prüfzeichen des Sachverständigen sowie der Angabe der Prüffrist versehen sein. Die angegebene Prüffrist darf nicht verstrichen sein. Die Flasche darf keine Mängel aufweisen.
2. Flaschen, die aus Vorratsbehältern gefüllt werden, dürfen nur mittels eines für diesen Zweck bestimmten Füllstutzens an den Vorratsbehälter angeschlossen werden. Andere Verbindungen, insbesondere Schläuche sind nicht zulässig.

3. Wenn der Vorratsbehälter zur Entnahme der Flüssigphase geneigt (umgedreht) wird, darf dessen Ventilschutzkappe erst entfernt werden, nachdem der Behälter in eine geeignete Halterung sicher eingesetzt worden ist.
4. Während des Füllens muss die Schraube am Gasauslass des Kleinflaschenventils geöffnet sein. Sobald dort flüssiges Gas austritt, ist zunächst das Flaschenventil des Vorratsbehälters, dann das Kleinflaschenventil und danach – sofern kein flüssiges Gas mehr austritt – der Gasauslass der gefüllten Flasche dicht zu schließen. Zur Vermeidung von Überfüllungen ist diese Reihenfolge unbedingt einzuhalten.
5. Nach dem Füllen sind Ventil und Ventileinsatz mit einer schaumbildenden Flüssigkeit (Lecksuchspray) auf Dichtheit zu prüfen. Die Flasche ist durch die Verschlussmutter zu verschließen, sofern sie nicht an ein Verbrauchsgerät angeschlossen wird.
6. Da während des Füllvorganges betriebsmäßig Gas austritt, darf das Füllen der Flaschen, soweit sie nicht in gewerblichen Füllunternehmen erfolgt, nur im Freien in ausreichender Entfernung von Zündquellen (nach Druckgasverordnung mindestens 10 m) vorgenommen werden. Rauchen ist während des Füllvorganges verboten.
7. Das Füllen darf nur von Personen durchgeführt werden, die das 18. Lebensjahr vollendet haben und die erforderliche Sachkunde besitzen. (§ 21 Druckgasverordnung, ggf. weiter einschlägige Vorschriften beachten.)
8. Sofern die auf der Flasche eingeprägte Prüffrist abgelaufen ist, darf die Flasche erst wieder gefüllt werden, wenn sie vom zuständigen Sachverständigen geprüft und mit dem Prüfzeichen und der Prüffrist versehen worden ist.
9. Jeder Unfall in Zusammenhang mit dem Füllen oder Betreiben der Flaschen ist dem Gewerbeaufsichtsamt, der Berufsgenossenschaft sowie der technischen Überwachungs-Organisation unverzüglich anzuzeigen. (§ 25 Druckgasverordnung ggf. weitere einschlägige Vorschriften beachten.)
10. Es dürfen nur Ventile entsprechend dem Bauartzulassungskennzeichen Nr. 82 D 166 verwendet werden.

Im Allgemeinen wird auf die UVV Flüssiggas und auf die BGV D 34 (bisher UVV 457VBG 21) hingewiesen. Die Berufsgenossenschaft Handel und Warendistribution kurz BGHW gibt eindeutige Richtlinien vom Geltungsbereich über Begriffsbestimmungen bis zum Auszug der Technischen Regeln heraus. Im Internet stehen einige Bestimmungen und Vorschriften zum Download bereit, außerdem sind noch digitale Medien, wie DVD, CD-ROM, CBT zum Thema „Sicherheit" erhältlich.

Bei allen Arbeiten Sicherheitskleidung, insbesondere Schutzbrille und Schutzhandschuhe tragen.

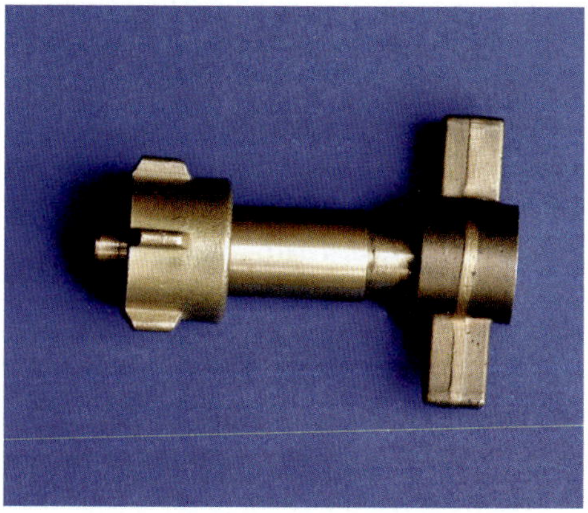

Das Umfülladapterstück, das Umfüllen darf nur mit solchem Gerät erfolgen

Angeschlossenen Flaschen, die Verbindung und damit der Übergang muss druckdicht erfolgen ▶

Die Spenderflasche steht auf dem Kopf, sie ist mit einem Spanngurt an der Versorgungssäule gegen Herausrutschen gesichert ▼

Hinweise zum Umfüllen von Sauerstoff

Das Auffüllen der Flaschen ist durch die Verwendung der beiliegenden Umfüllstutzen und unter Beachtung der Sicherheitshinweise unproblematisch. Sauerstoff ist ein brandförderndes Gas, das mit allen brennbaren Stoffen in einem heftigen Brand reagieren kann. Die brandfördernde Wirkung ist umso größer je höher der Druck ist. Wenn Sauerstoff mit hohem Druck in einen Bereich mit niedrigerem Druck strömt, wie es beim Umfüllen der Fall ist, kann es durch einen sogenannten Druckstoß zur Erwärmung des Sauerstoffs und zur Entzündung des umgebenden Werkstoffes kommen. Dieser Vorgang wird bei Anwesenheit von Öl- und Fettspuren oder von irgendwelchen Partikeln und Verunreinigungen erleichtert. Alle von Sauerstoff berührten Teile müssen daher frei von jeglichen Verunreinigungen sein.

Beim Umfüllen sind außerdem unbedingt die folgenden Hinweise zu beachten:

- Füllanlage und Stutzen müssen in technisch einwandfreiem und funktionsfähigem Zustand sein.
- Die Umfüllung darf nur durch unterwiesenes und qualifiziertes Personal erfolgen.
- Der Ort der Umfüllung muss hinsichtlich Lüftung, Brand- und Explosionsschutz geeignet sein.
- Die Flaschenventile müssen in einwandfreiem Zustand sein.

Die Vorgehensweise der Umfüllung ist mit dem Umfüllstutzen der Firma Greggersen völlig unproblematisch. Meist werden kleinere transportablere Flaschen an größeren, oft aus sogenannten Flaschenwagen umgefüllt. Beim eigentlichen Umfüllprozess erfolgt immer nur ein Druckausgleich in beiden Flaschen, das heißt, der Druck in der gefüllten Flasche kann niemals höher ansteigen, als der Druck der Spenderflasche ist. Um mit einer kleinen 2-Liter-Flasche wirtschaftlich und über einen gewissen Zeitraum arbeiten zu können, sollte die Spenderflasche einen möglichst hohen Druck aufweisen. Idealerweise wären neue, mit 200 bar gefüllte Flaschen die richtige Voraussetzung.
Folgende Punkte müssen während des Füllens beachtet werden:

1. Beide Flaschen mit dem Umfüllstutzen verbinden und mit einem 32-mm-Maulschlüssel festziehen.
2. Ventil der zu füllenden Flasche voll öffnen.
3. Anschließend das Ventil der Spenderflasche ganz langsam öffnen, bis Überströmgeräusch hörbar ist.
4. Die zu befüllende Flasche wird dabei handwarm.
5. Der Füllvorgang ist beendet, wenn kein Geräusch mehr zu hören ist.
6. Beide Flaschenventile schließen.
7. Umfüllstutzen abschrauben.

Das Adapterstück mit beidseitigen Überwurfmuttern ▸

Damit ist die Flaschenfüllung beendet und die Druckminderer und Schläuche können wieder montiert werden. Es ist nun schon des Öfteren gesagt worden: Sauerstoffarmaturen sind öl- und fettfrei zu halten, einwandfreie Dichtungen und allgemeine Sauberkeit sind unumstößliche Kriterien, die beim Umfüllvorgang im Speziellen und im Umgang mit Sauerstoff im Allgemeinen einzuhalten sind. Bei mir kommen die Umfüllstutzen nach Gebrauch sofort wieder in eine Plastiktüte, die verschließbar sein sollte, und wandern danach in die Schublade meines Schweißtisches. Sie liegen dann nicht zwischen irgendwelchen anderen Werkzeugen, geschweige Ölkannen oder Fahrradkettenspray, herum und sind somit auch für den nächsten Umfüllvorgang immer griffbereit. Dass die Spenderflasche während des Füllvorganges gesichert sein muss, ist eigentlich eine Selbstverständlichkeit. In einem Flaschenwagen ist das automatisch der Fall, steht die Flasche aber an einer Wand, muss sie mit einem Flaschenhalter mit Kette oder einem anderen Sicherungselement vor dem Umfallen geschützt sein. Ein Hantieren im Freien oder mitten in einer Werkhalle an einer freistehenden Sauerstoffflasche ist nicht zulässig.

Im Allgemeinen wird noch auf die UVV Sauerstoff (neue BGV-Nr. B7) und auf die UVV Schweißen und Schneiden (neue BGT-Nr. D 1) hingewiesen. Wichtige Informationen enthalten die Informationen BG-Info Umgang mit Sauerstoff (neue BGI-Nr. 617); sowie Gefahren durch Sauerstoff (neue BGI-Nr. 644).

Bei allen Arbeiten Sicherheitskleidung, insbesondere Schutzbrille und Schutzhandschuhe tragen.

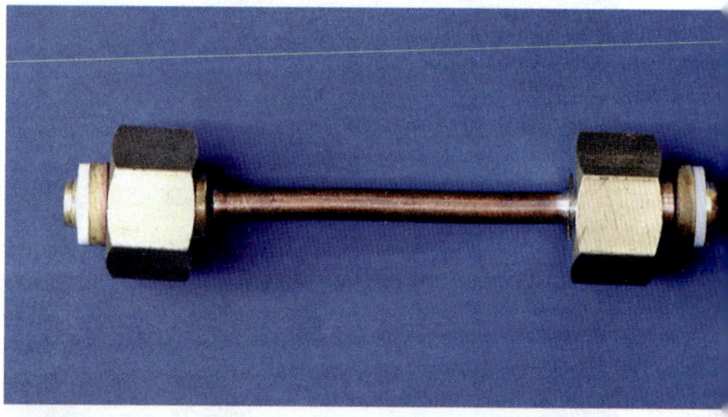

Hier mit angeschraubtem Druckminderer, man beachte nochmals die durchkreuzten Ölkannen

Flaschenventil mit Gewindeanschluss G 5/8″ Rechtsgewinde

Das Adapterstück wird einfach zwischen die Flaschen geschraubt, unbedingt auf festen Sitz achten und nur einwandfreie Dichtungen verwenden

UNSERE BIBLIOTHEK

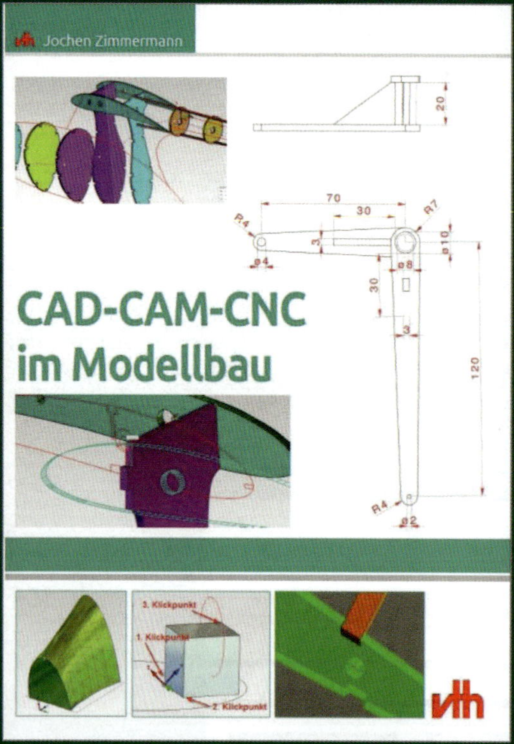

Jochen Zimmermann
CAD - CAM - CNC im Modellbau
Umfang: 240 Seiten, Abbildungen: ca. 700
ArtNr: 3102270
Preis: 32,90 €

Roland Büchi
Brushless-Motoren und -Regler
Grundlagen - Technik - Praxis
Umfang: 128 Seiten, Abbildungen: 104
ArtNr: 3102258
Preis: 26,90 €

Jetzt bestellen!

07221 - 5087-22
07221 - 5087-33
service@vth.de
www.vth.de/shop
Maschinentüftler
VTH Verlag

CNC im Modellbau

Unter anderem finden sie eine selbstgebaute CNC-gesteuerte Heißdrahtschneidemaschine, mit der perfekte Teile für den Flugmodellbau aus Styropor computergesteuert geschnitten werden können in dieser Ausgabe. Berichte über Eigenbau-Portalfräsen, den Umbau herkömmlicher Fräsen auf CNC-Steuerung, die Nutzung von Google-Sketchup als Konstruktionstool, eine selbstgebaute Schnelllaufspindel und vieles mehr runden die Informationen über den Modellbau mit Computerunterstützung ab.

Systemanforderungen: CD-Laufwerk, PC mit Windows -alle Versionen- oder Apple/Mac Betriebssystem

Chronik 2009-2014 auf CD

ArtNr: 6201181
Preis: 29,90 €

Systemanforderungen: PC mit Windows 9x/NT/2000/XP/Vista

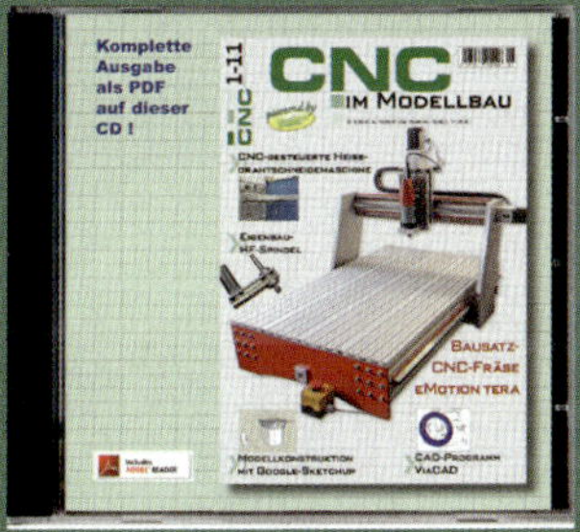

CNC im Modellbau 01/2011

Im PDF-Format wird Ihnen unter anderem eine selbstgebaute CNC-gesteuerte Heißdrahtschneidemaschine vorgestellt, mit der perfekte Teile für den Flugmodellbau aus Styropor computergesteuert geschnitten werden können.

ArtNr: 6201143
Preis: 9,90 €

CNC im Modellbau 01/2010

Highlight: ausführlicher Praxistest der High-End-CNC-Fräse CC-F1410 LF highspeed von Wabeco.

ArtNr: 6201132
Preis: 9,90 €

CNC im Modellbau 01/2009

Hier werden die Grundlagen vermittelt, die man benötigt, um erfolgreich die Verbindung von PC und Werkzeugmaschine zu schaffen.

ArtNr: 6201111
Preis: 9,90 €

vth_modellbauwelt
VTH neue Medien GmbH

Tom Masselter

Tuning für Kinderautos - Eigenbau, Umbau, Tuning und Motorisierung

Grundlagen und Praxis

Den Hobbyelektroniker, der selbst seine Schaltungen aufbauen möchte oder defekte Platinen reparieren will, stellen diese zum Teil winzigen Bauteile mit ihrer ganz speziellen Verarbeitung vor Schwierigkeiten. Nicht nur die Identifikation der einzelnen Teile, auch die Montage und vor allem das Verlöten stellen scheinbar große Hürden dar. Abhilfe bei der Furcht vor der Verwendung von SMD-Bauteilen in der Hobbyelektronik schafft dieses Buch. Thorsten Feuchter beschreibt die Besonderheiten dieser Technik, gibt Tipps zur Verarbeitung und zur Reparatur beschädigter SMD-Schaltungen.

Umfang: ca. 168 Seiten
Abbildungen: ca. 210
ArtNr: 3102293
Preis: 19,90 €

VTH Praxistopp Metallbearbeitung I

ArtNr: 6201147
Preis: 9,90 €

Metallbearbeitung

ArtNr: 6201145
Preis: 9,90 €

Jetzt bestellen!

07221 - 5087-22
07221 - 5087-33
service@vth.de
www.vth.de/shop
Maschinentüftler
VTH Verlag

Drehen I

Laufzeit: 42 min
ArtNr: 6211161
Einzelpreis: 18,90 €

Drehen II

Laufzeit: 43 min
ArtNr: 6211162
Einzelpreis: 18,90 €

Drehen III

Laufzeit: 46 min
ArtNr: 6211163
Einzelpreis: 18,90 €

Vorteilspaket: Drehen I bis III

*ArtNr: 7000038 - **NUR 49,90 €***

Fräsen I

Laufzeit: 52 min
ArtNr: 621 1227
Einzelpreis: 18,90 €

Drehen II

Laufzeit: 54 min.
ArtNr: 621 1228
Einzelpreis: 18,90 €

Vorteilspaket: Fräsen I und II

*ArtNr: 7000039 - **NUR 34,90 €***

vth_modellbauwelt
VTH neue Medien GmbH

GRUNDLAGENWISSEN DREHEN & FRÄSEN

Christoph Selig
CNC-Fräsen und -Drehen im Modellbau
Grundlagen – Praxis – Tipps

Der Autor weiht Sie in die Geheimnisse des CNC-Fräsens und – erstmals – des CNC-Drehens ein. Umfassend geht er sowohl auf die Hardware, die Software und auch die Werkzeugmaschinen ein. Dabei sind Grundlagen, vor allem aber die Praxis des Umbaus und des CNC-gesteuerten Fertigens das Thema.

Umfang: 240 Seiten
Abbildungen: 266
ArtNr: 3102256
Preis: 31,90 €

Thomas Riegler
Elektrofeinwerkzeuge
Geräte & Praxis

Ob im Modellbau oder bei anderen feinen Aufgaben – Elektrofeinwerkzeuge machen viele Arbeiten einfacher und manchmal sogar überhaupt erst möglich. Thomas Riegler beschreibt in diesem Buch die verschiedenen Geräte, ihre Besonderheiten und Einsatzzwecke, erklärt die Bedienung und verrät Tipps und Tricks für die praktische Arbeit mit ihnen.

Umfang: 208 Seiten
Abbildungen: 475
ArtNr: 3102263
Preis: 29,80 €

Jörg Burgdorf
Tipps und Tricks für die Metallwerkstatt
Ideen und Bauvorschläge aus der Praxis

Arbeiten mit Metall stellen den Laien häufig vor Probleme. Dabei haben die Profis häufig Tricks und Kniffe, um sich die Arbeit leichter, effektiver und schneller zu machen. Jörg Burgdorf, ein Metallprofi durch und durch, lässt uns in diesem Buch in seine Werkstatt schauen und gibt zahlreiche Tipps aus der Profi-Werkstatt.

Umfang: 64 Seiten
Abbildungen: 61
ArtNr: 3102262
Preis: 14,90 €

Oliver Bothmann
3D-Druck-Praxis
Alles für den Start

Der 3D-Druck ist eine der Techniken der Zukunft – dieses Buch macht Sie fit für seine Anwendung! Der Autor zeigt, wie 3D-Druck daheim funktioniert, was Sie dafür benötigen und wie Sie erfolgreich zu Ihrem ersten 3D-Druck kommen. Verschiedene Konstruktionsprogramme werden genauso gezeigt, wie die Möglichkeit ohne eigenen Konstruktionsaufwand zu einem Objekt zu kommen.

Umfang: 176 Seiten
Abbildungen: 246
ArtNr: 3102245
Preis: 24,80 €

Jürgen Eichardt

Drehen für Modellbauer

Band 1: Das ABC des Hobbydrehers

In Band 1 geht es um allgemeine Anforderungen an Tischdrehmaschinen, um die Pflege und Verbesserung der Arbeitsgeräte, um die Werkzeuge und das Material, die Vorbereitung auf das Drehen und die Sicherheit bei der Arbeit. Außerdem werden die üblichen Arbeitsweisen näher beschrieben.

Umfang: 192 Seiten
ArtNr: 3102113
Preis 24,90 €

Jürgen Eichardt

Drehen für Modellbauer

Band 2: Besondere Aufgaben und Technologien

In Band 2 erläutert der Autor die etwas schwierigeren Operationen und zeigt ungewöhnliche Hilfsmittel: Rändeln und Kordieren, Gewindeschneiden und Formdrehen, das Fertigen von Radius- und Formstechstählen, das Drehen mit dem „Seiten-Abstechstahl.

Umfang: 144 Seiten
ArtNr: 3102114
Preis: 21,90 €

Jürgen Eichardt

Fräsen für Modellbauer

Band 1: Maschinen, Werkzeuge und Materialien

In Band 1 erfahren Sie, worauf man beim Kauf einer Fräsmaschine achten muss, wie die Maschine gepflegt wird, damit sie stets exakte Ergebnisse produziert, und wie wir sie mit einer Vielzahl von selbst gebauten Verbesserungen und nützlichen Zubehörteilen versehen können.

Umfang: 172 Seiten
ArtNr: 3102117
Preis 24,90 €

Jürgen Eichardt

Fräsen für Modellbauer

Band 2: Frästechniken, Messen & Sonderanwendungen

Hier erfährt man, wie die verschiedenen Fräswerkzeuge arbeiten und wie man sie richtig einsetzt. Einfache Fräsbearbeitungen werden ebenso gründlich besprochen wie vermeintlich schwierige Anwendungen.

Umfang: 172 Seiten
ArtNr: 3102118
Preis: 22,90 €

Tilmann Wallroth

Drehmaschinenpraxis für Modellbauer

Band 2: Frästechniken, Messen & Sonderanwendungen

Dieses Buch ist allen ernsthaften Modellbauern gewidmet, egal, ob sie schon im Besitz einer Drehmaschine sind oder nicht. Denn Information ist alles, zumal dann, wenn es um den Einsatz und Gebrauch einer doch nicht so ganz einfachen Maschineneinrichtung geht.

Umfang: 232 Seiten
ArtNr: 3102070
Preis: 19,30 €

Kurt Becker

50 Kniffe für die Werkstatt

Wer sich dem technischen Modellbau verschrieben hat, ohne eine technische Ausbildung gemacht zu haben, der muss sich so manchen Trick der Fachleute mühsam aneignen.

In diesem Buch zeigt Kurt Becker 50 – eigentlich sogar ein paar mehr – Kniffe, mit denen die Metallbearbeitung im Modellbau einfacher und besser gelingt. Seine praxiserprobten Tipps und Tricks sind manchmal erstaunlich simpel – aber man muss halt drauf kommen! Und sie ermöglichen dem Modellbauer eine noch genauere Arbeit, um zu besseren Ergebnissen zu kommen.

Umfang: 88 Seiten
ArtNr: 3102289
Preis: 19,90 €

Thorsten Feuchter

Hobbyelektronik mit SMD-Technik

Grundlagen und Praxis

Den Hobbyelektroniker, der selbst seine Schaltungen aufbauen möchte oder defekte Platinen reparieren will, stellen diese zum Teil winzigen Bauteile mit ihrer ganz speziellen Verarbeitung vor Schwierigkeiten. Nicht nur die Identifikation der einzelnen Teile, auch die Montage und vor allem das Verlöten stellen scheinbar große Hürden dar. Abhilfe bei der Furcht vor der Verwendung von SMD-Bauteilen in der Hobbyelektronik schafft dieses Buch. Thorsten Feuchter beschreibt die Besonderheiten dieser Technik, gibt Tipps zur Verarbeitung und zur Reparatur beschädigter SMD-Schaltungen.

Umfang: 72 Seiten
Abbildungen: 83
ArtNr: 3102264
Preis: 19,80 €

Jetzt bestellen!

07221 - 5087-22
07221 - 5087-33
service@vth.de
www.vth.de/shop
Maschinentüftler
VTH Verlag

Thomas Riegler

Akkus für jeden Zweck

Auswahl und Pflege für Smartphone, Spielzeug und Co

Unsere Welt ist auf Akku! Immer mehr Geräte, die wir täglich benutzen – seien es Smartphones über Laptops, Werkzeuge bis hin zum Elektro-Fahrrad und Auto – basieren auf netzunabhängiger Energie. Doch welchen Akku verwendet man für welchen Zweck? Wie lädt man ihn am besten – und schonendsten – auf? Und was macht man, wenn man einen Austauschakku braucht? Dieses und noch viel mehr erklärt Thomas Riegler in diesem Buch und macht Sie so zum echten Akkuspezialisten!

Umfang: 192 Seiten
ArtNr: 3102283
Preis: 29,90 €

Thomas Fischer

3D-Druck im Flugmodellbau

Umfang: 192 Seiten
Abbildungen: 247
ArtNr: 3102294
Preis: 32,90 €

Thomas Riegler

Das große Lötbuch

Löten in der Praxis von A bis Z

Das richtige Löten ist aus der Elektronik nicht wegzudenken. Thomas Riegler beschreibt in diesem Buch die verschiedenen Löttechniken, gibt Tipps, welches Gerät für welchen Einsatz das richtige ist und vermittelt anschaulich die Praxis des Lötens. Umfassend wird dabei auch auf die Besonderheiten des bleifreien Lötens eingegangen und der Aufbau einer Schaltung beschrieben.

Umfang: 208 Seiten
Abbildungen: 288
ArtNr: 3102254
Preis: 27,80 €

Volker Koch

Antriebsmodelle für Dampfmaschinen und Heißluftmotore

Umfang: 192 Seiten
ArtNr: 3102295
Preis: 34,90 €

Marcel Sigrist

Hydraulik im Modellbau

Grundlagen für den Bau einer Modellhydraulik

Ob Bagger oder Raupe, Kipper oder Radlader – im Original kommen alle diese Nutzfahrzeuge nicht ohne Hydraulik aus. In diesem Buch gibt Ihnen der Modellhydraulik-Spezialist Marcel Sigrist die Informationen, die Sie brauchen, damit Sie Ihr Modell mit einer funktionierenden Hydraulik ausstatten können. Ein komplettes Archiv der technischen Zeichnungen für die benötigten Bauteile rundet das Buch ab.

Umfang: 112 Seiten
ArtNr: 3102278
Preis: 24,90 €

Jürgen Eichardt

Modellbautechniken

Jürgen Eichardt lässt die Leser teilhaben an seinem über Jahrzehnte angesammelten Wissensschatz. Hier werden Praxistipps und Techniken im Detail beschrieben und in über 200, zum Teil farbigen, Abbildungen gezeigt. Eine wahre Fundgrube für jeden ernsthaften Modellbauer!

Format: DIN A4
Umfang: 112 Seiten
Abbildungen: 210
ArtNr: 3120035
Preis: 19,00 €

Alex Weiss

Kunststoffe für Modellbauer

Kunststoffe gibt es in den vielfältigsten Formen, mit unterschiedlichsten Eigenschaften und für zahlreiche denkbare Anwendungen. Alex Weiss sorgt mit diesem Fachbuch für den notwendigen Überblick, um Kunststoffe richtig einzusetzen und zu verarbeiten.

Umfang: 160 Seiten
Abbildungen: 233
ArtNr: 3102169
Preis: 22,00 €

Michael Heinzelmann

Holzfahrrad im Eigenbau

Ein Fahrrad, um das Sie Freunde und Bekannte beneiden werden. Sie müssen kein Schreiner sein, um sich Ihr Holzfahrrad zu bauen. Wäre das etwas für Sie? Dieses Buch zeigt Ihnen wie es geht.

Umfang: 56 Seiten
Abbildungen: 64
ArtNr: 3102165
Preis: 14,00 €

Alex Weiss

Materialien für den Modellbau

Dieses Buch beschreibt die vielen unterschiedlichen Materialien, die vom Funktionsmodellbauer in seiner Werkstatt verwendet werden. So unter anderem Eisen und Stahl, Nichteisen-Metalle wie Aluminium, Messing und Kupfer, Hart- und Weichhölzer sowie eine Anzahl von Kunststoffen – bearbeitbare und andere.

Ein Buch, das in jede Modellbauerwerkstatt gehört!

Umfang: 160 Seiten
Abbildungen: 104
ArtNr: 3102142
Preis: 15,00 €